Ahcene Lemzadmi

Le mélange hexafluorure de soufre et Azote

Ahcene Lemzadmi

Le mélange hexafluorure de soufre et Azote

Propriétés des décharges couronnes dans les mélanges hexafluorure de soufre et azote (SF6-N2)

Presses Académiques Francophones

Impressum / Mentions légales
Bibliografische Information der Deutschen Nationalbibliothek: Die Deutsche Nationalbibliothek verzeichnet diese Publikation in der Deutschen Nationalbibliografie; detaillierte bibliografische Daten sind im Internet über http://dnb.d-nb.de abrufbar.
Alle in diesem Buch genannten Marken und Produktnamen unterliegen warenzeichen-, marken- oder patentrechtlichem Schutz bzw. sind Warenzeichen oder eingetragene Warenzeichen der jeweiligen Inhaber. Die Wiedergabe von Marken, Produktnamen, Gebrauchsnamen, Handelsnamen, Warenbezeichnungen u.s.w. in diesem Werk berechtigt auch ohne besondere Kennzeichnung nicht zu der Annahme, dass solche Namen im Sinne der Warenzeichen- und Markenschutzgesetzgebung als frei zu betrachten wären und daher von jedermann benutzt werden dürften.

Information bibliographique publiée par la Deutsche Nationalbibliothek: La Deutsche Nationalbibliothek inscrit cette publication à la Deutsche Nationalbibliografie; des données bibliographiques détaillées sont disponibles sur internet à l'adresse http://dnb.d-nb.de.
Toutes marques et noms de produits mentionnés dans ce livre demeurent sous la protection des marques, des marques déposées et des brevets, et sont des marques ou des marques déposées de leurs détenteurs respectifs. L'utilisation des marques, noms de produits, noms communs, noms commerciaux, descriptions de produits, etc, même sans qu'ils soient mentionnés de façon particulière dans ce livre ne signifie en aucune façon que ces noms peuvent être utilisés sans restriction à l'égard de la législation pour la protection des marques et des marques déposées et pourraient donc être utilisés par quiconque.

Coverbild / Photo de couverture: www.ingimage.com

Verlag / Editeur:
Presses Académiques Francophones
ist ein Imprint der / est une marque déposée de
OmniScriptum GmbH & Co. KG
Heinrich-Böcking-Str. 6-8, 66121 Saarbrücken, Deutschland / Allemagne
Email: info@presses-academiques.com

Herstellung: siehe letzte Seite /
Impression: voir la dernière page
ISBN: 978-3-8416-3115-2

Zugl. / Agréé par: Annaba, Université Badji Mokhtar, 2006

Copyright / Droit d'auteur © 2015 OmniScriptum GmbH & Co. KG
Alle Rechte vorbehalten. / Tous droits réservés. Saarbrücken 2015

Remerciements

Ce travail a été réalisée dans le cadre d'une coopération scientifique entre le Laboratoire de Génie Electrique de Guelma (LGEG) de Guelma, Algérie et le laboratoire d'Electrostatique et des Matériaux Diélectriques LEMD/ CNRS de Grenoble, France.

La partie expérimentale de ce travail a été réalisée au laboratoire LEMD/CNRS de Grenoble en collaboration avec Dr. André DENAT. Je tiens à le remercier très chaleureusement pour l'accueil qu'il m'a réservé dans son laboratoire, pour l'intérêt qu'il a porté à mes recherches, pour sa disponibilité et pour ses conseils très utiles.

J'exprime également ma reconnaissance pour Dr. Nelly BONIFACI Chercheur au LEMD/CNRS Grenoble pour sa précieuse contribution dans ce travail et aussi pour son accueil très chaleureux.

Je voudrais aussi remercier très vivement monsieur le professeur Mohamed Nemamcha recteur de l'Université du 8 Mai 1945de Guelma pour le son soutien, qu'il trouve l'expression de ma reconnaissance la plus sincère.

J'exprime ma très sincère reconnaissance pour tous les membres de ma famille pour les encouragements et le soutien qu'ils m'ont procurés

Table de matières

Avant propos 7

Contenu 8

Chapitre I

I-1. Généralités sur l'hexafluorure de soufre SF_6 9

I-2. Historique sur le SF_6 9

I-3. Propriétés physico-chimiques du SF_6 10

    I-3-1. Principales propriétés physico-chimiques du SF_6 11

    I-3-2. Décomposition du SF_6 dans les différents types de décharges 12

I-4. Effet du SF_6 sur l'environnement 13

I-5. Possibilités de remplacement du SF_6 15

I-6. Propriétés physico-chimiques de l'azote (N_2) 17

I-7. Conclusion 20

Chapitre II

II-1. Généralités sur les gaz isolants 21

II-2. Rappels théoriques 22

    II-2-1. Propriétés physiques des isolants gazeux 22

    II-2-2. Critères de rupture de l'intervalle dans un champ homogène 25

II-3. Techniques expérimentales de détections des décharges électriques 31

    II-3-1. Technique de mesure électrique 32

    II-3-2. Préparation des pointes électrodes. 34

    II-3-3. Technique de détection spectrale de la lumière. 35

Chapitre III

III. Décharge couronne 37

III-1. Processus de calquage en champs fortement divergent 37

III-2. Détermination de la tension seuil de la décharge couronne dans le SF_6 40

III-3. Facteurs influençant la tenue diélectrique du SF_6 41

III-4. Décharge dans l'azote (N_2) 42

III-5. Facteurs influençant la tenue diélectrique de l'azote 43

III-6. Décharge dans le mélange SF_6-N_2 43

III-7. Caractéristiques courant-tension des décharges couronnes dans les mélanges SF_6- N_2 45

   III-7-1. Cas d'une pointe anodique 45

   III-7-2. Cas d'une pointe cathodique 47

III-8. Mesure des tensions seuils (U_s) 49

III-9. Evolution des tensions seuils en fonction de la pression 51

III-10. Evolution des Tensions seuils en fonction de la concentration du SF_6 54

III-11. Effet de la décharge couronne sur l'état des électrodes 57

   III-11-1. Cas de la pointe en décharge positive 58

   III-11-2. Cas de la pointe en décharge négative 59

   III-11-3. Evolution temporelle du courant 62

III-12. Conclusion 63

Chapitre IV

IV. Transport des porteurs de charges 65

IV-1. Théorie classique de la mobilité 66

IV-2. Détermination de la mobilité par la méthode directe dite de temps de vol 67

   IV-2-1. Mobilités des ions négatifs 68

   IV-2-2. Mobilités des ions positifs 68

IV-3. Détermination des mobilités par les méthodes indirectes 71

   IV-3-1. Modèle de Coelho et Debeau 71

   IV-3-2. Modèle de Coelho corrigé 73

   IV-3-3. Modèle de Sigmond 75

IV-4. Mobilité ionique dans les mélanges gazeux 76

IV-5. Détermination des mobilités des porteurs de charges 77

   IV-5-1. Caractéristiques I = f(U) et $\sqrt{I}$ =f(U) des décharges couronnes 77

   IV-5-2. Mesures des mobilités des porteurs de charges pour le SF_6 pur 79

   IV-5-3. Mesures des mobilités pour les mélanges SF_6 -N_2 81

IV-6. Analyse des résultats sur les mobilités de porteurs de charges 83

Chapitre V

V. Analyse de la lumière d'une décharge couronne 84
V-1. Spectroscopie moléculaire 84
    V-1-1. Energie totale d'une molécule 84
    V-1-2. Energie vibrationnelle 85
    V-1-3. Energie Rotationnelle 86
V-2. Méthodes d'évaluation des Températures rotationnelle et vibrationnelle 87
    V-2-1. Températures vibrationnelle 87
    V-2-2. Températures rotationnelle 88
V-3. Emission de la lumière d'une décharge couronne 89
    V-3-1. Spectres d'émission dans le SF_6 pur 90
    V-3-2. Spectres d'émission dans les mélanges SF_6-N_2 93
    V-3-3. Influence de la pression sur la lumière émise 93
    V-3-4. Dimension de la zone d'émission de la décharge couronne 94
V-4. Détermination de la température du gaz soumis à une décharge couronne 96
    V-4-1. Dans le SF_6 96
    V-4-2. Dans les mélanges SF_6-N_2 96
    V-4-3. Variation de la température rotationnelle (Tr) en fonction du courant de la décharge couronne 97
    V-4-4. Effet de polarité sur la température de la décharge 98
    V-4-5. Variation des températures vibrationnelles (T_v) pour une décharge couronne négative 100
V-5. Analyse de la lumière émise et des températures de la décharge couronne. 101

Conclusion générale 105

Références 108

Propriétés du mélange hexafluorure de soufre- Azote (SF$_6$-N$_2$)

Annotations

Symbole	Description	Symbole	Description
μ	Mobilité	μ_r	S
D	Coefficient de diffusion	υ_{OSC}	Fréquence vibrationnelle
h	Constante de Planck	q	Charge électronique (1.6 x 10^{-19} C)
λ	Fréquence de radiation.	x	Variable de distance
α	Coefficient d'ionisation	r_p	Rayon de la pointe
η	Coefficient d'attachement	r_s	Rayon du streamer
$\bar{\alpha}$	Coefficient d'ionisation effectif	U_c	Tension de claquage
α_r	Coefficient de recombinaison électron-ion positif	U_s	Tension seuil de la décharge couronne
N_0	Nombre d'électrons libres	p	Pression exprimée en Torrs
γ	Coefficient secondaire d'ionisation	P	Pression (en bar)
ε_0	Constante diélectrique dans le vide (8.854 x 10^{-12} F/m)	N	Densité du gaz
β	Constante qui vient d'une approximation du coefficient d'ionisation	E	Champ électrique
ρ	Densité du gaz	E_s	Champ correspondant à la charge d'espace
ρ_0	Densité ionique initiale	$(E/p)_{lim}$	Champ critique en kV/cm.bar
ω_e	Fréquence fondamentale de vibration	u	Facteur d'utilisation du champ
λ	Libre parcours moyen	K	Critère des streamers
$\bar{v}$	Vitesse thermique moyenne	z	Taux du SF$_6$ dans le mélange
ε	Constante diélectrique du gaz	m	Masse ionique.
α_p	Polarisabilité (en unité atomique)	M	Masse de la molécule
υ	Nombre d'onde	D_{12}	Somme des rayons des molécules et d'ions
ωx_e, ωy_e	Constantes pour un état électronique donné qui dépendent de, l'anharmonicité des courbes de potentiel.	a_0	Rayon de Bohr (0.529177 x 10^{-10} m)

Propriétés du mélange hexafluorure de soufre- Azote (SF_6-N_2)

V	Différence de potentiel entre deux électrodes en parallèle	E_a	Champ harmonique
E_c	Champ dû à la charge d'espace	E_p	Champ électrique proche de la pointe
I_s	Courant limité par la charge d'espace	I	Courant moyen
a	Distance entre l'électrode plane est la pointe (d+r_p/2)	T	Temps de transit de la charge d'espace sur une ligne de champ L
x_1 et x_2	Fractions molaires du gaz 1 et 2 dans le mélange	N_i	Densité ionique
υ'	Fréquence d'onde.	E_e	Energie électronique
E_v	Energies de vibration	E_r	Energie de rotation
C	Vitesse de la lumière	Te	Terme d'énergie électronique
F(J)	Terme d'énergie rotationnelle	G(v)	Terme d'énergie vibrationnelle
v	Nombre quantique de vibration	J	Nombre quantique de rotation
I	Moment d'inertie	B_v	Constante rotationnelle dans un certain état vibrationnel
B_e	Constante rotationnelle d'équilibre	D_v	Constante rotationnelle qui représente l'influence de la force de distorsion centrifuge
D_e	Constante de distorsion centrifuge d'équilibre	Kv'v"	Constante dépendant des conditions expérimentales
Av'v"	Probabilité d'émission d'Einstein	N(v') et N(0)	Populations des états vibrationnels v' et v'= 0
G(v')	Energie vibrationnelle du niveau supérieur	g(v') et g(0)	Les poids statistiques des états vibrationnels
p(v',v")	Force de raie vibrationnelle	S(J',J")	Facteur de Hönhl-London
N(J')	Distribution de population	T_r	Température rotationnelle
T_v	Température rotationnelle	Q_r(J')	Fonction rotationnelle
$B_{v'}$	Constante rotationnelle	w	Poids du réseau de neurones
x_{em}	La longueur ou la rayon de la zone d'émission	T_{kin}	Température cinétique
P_W	Puissance injectée dans le gaz par la décharge couronne	k_{mix}	La conductivité thermique du mélange

Avant propos

L'hexafluorure de soufre (SF_6) est le résultat de la synthèse directe du fluor et du soufre. Son aptitude prononcée à l'attachement des électrons et sa taille relativement élevée lui confèrent une rigidité diélectrique remarquable et des excellentes capacités d'extinction des arcs électriques. Il est utilisé dans les disjoncteurs à isolation gazeuse, ces derniers présentent un rapport qualité / prix nettement supérieur par rapport à ceux utilisant l'air ou l'huile comme isolant. Le SF_6 sous pression est aussi utilisé dans les lignes de transmission à haute tension, dans les condensateurs, dans les transformateurs de puissance et dans les postes blindés sous enveloppe métallique. L'utilisation du SF_6 a permis des économies significatives des espaces, donné une esthétique acceptable, réduit les émissions sonores et a rapproché les sous-stations des centres de consommations. L'industrie électrique constitue le gros consommateur du SF_6 avec 80% de la production mondiale, le reste est utilisé dans les domaines des fonderies d'aluminium et de magnésium et dans la technologie des semi-conducteurs. La demande pour le SF_6 ne cesse d'augmenter et la production est en nette progression. Des recherches récentes ont clairement impliqué le SF_6 dans le réchauffement globale de l'atmosphère (effet de serre). Les mesures effectuées sur les concentrations du gaz dans l'atmosphère ont montré une nette augmentation de 8,7 % par an. L'accumulation du SF_6 dans l'atmosphère pose un souci pour l'environnement d'autant que le gaz a un pouvoir d'absorption des rayons infrarouges très important. Actuellement la contribution du SF_6 dans le réchauffement global de l'atmosphère est de 0,01% mais cette contribution est appelée à augmenter et peut atteindre une valeur de 0,1% dans 100 ans, puisque toute la production finira un jour dans l'atmosphère. Ceci est d'autant vrai que la durée de vie du SF_6 est estimée entre 800 et 3200 années si des nouvelles techniques de traitement du SF_6 à bas prix ne sont pas trouvées. Devant ces contraintes le besoin de trouver un remplacement au SF_6 commence à se faire sentir. Les travaux réalisés dans ce sens ont montré qu'un remplacement total du SF_6 est difficile sinon impossible d'où le recours aux mélanges pour diminuer la quantité du SF_6 utilisée et parmi ces mélanges le SF_6 - N_2 peut être un remplacent potentiel, ceci est attribué à la synergie et la disponibilité abondante de l'azote. L'addition d'une quantité faible du SF_6 dans l'azote augmente considérablement la capacité diélectrique de ce dernier. Ce document contient des résultats qui peuvent intéressés les chercheurs dans le domaine des gaz isolants spécialement le SF_6 et le mélange SF_6-N_2.

Contenu

Une étude détaillé sur les propriétés du SF_6, ses avantages et ses points négatifs sont bien traités au chapitre 01.

Les aspects théoriques des décharges électriques dans les gaz isolants spécialement le SF_6 et le mélange SF_6-N_2, ainsi que les techniques expérimentales ont été met en évidence au chapitre 02.

Au chapitre 03 une étude détaillée sur les décharges couronne a été présenté en configuration pointe-plan pour les mélanges SF_6-N_2 à des pressions élevées.

La détermination des mobilités des porteurs de charges en utilisant la méthode indirecte qui se base sur les mesures des caractéristiques courant-tension est bien expliquée au chapitre 04.

Le chapitre 05 traite exclusivement la spectroscopie d'une décharge couronne pour localiser les zones d'émission des décharges couronnes dans le SF_6 et le mélange SF_6-N_2. Les spectres d'émission d'azote sont utilisés pour la détermination des températures rotationnelles (T_r) et vibrationnelles (T_v) de la décharge couronne dans le mélange SF_6-N_2.

Chapitre I

I-1. Généralités sur l'hexafluorure de soufre SF_6

Dans ce chapitre, nous faisons une rétrospective des travaux ayant trait à la recherche des gaz de substitution au SF_6. Nous rappelons d'abord les principales caractéristiques du SF_6 que nous comparons à celles des gaz et mélanges candidats à une éventuelle substitution.

L'hexafluorure de soufre SF_6 est un gaz ayant des qualités diélectriques remarquables. Son utilisation a connu une croissance soutenue depuis les années soixante dix. Ceci a contribué au développement de la recherche dans ce domaine, encouragée et financée par les industriels de l'électrotechnique de haute tension.

I-2. Historique sur le SF_6

Le SF_6 fut fabriqué pour la première fois en 1900 par H. Moissan et P. Lebeau [1] à partir du fluor et du soufre par la réaction suivante:

$$S_{\text{Fondu}} + 3F_{2\,\text{Gas}} = SF_{6\,\text{Gas}} + 262\,\text{kcal}$$

Les premières recherches d'envergure furent menées en 1939 par H.G. Pollak et F.S. Cooper [2] qui étudièrent le comportement électrique du SF_6 en champ divergent sous tension continue. Au cours des années suivantes les recherches portèrent principalement sur la stabilité chimique du gaz soumis à des décharges électriques. Ce n'est qu'aux années cinquante qu'on s'est intéressé au SF_6 comme un gaz isolant dans le domaine de l'électrotechnique de haute tension.

I-3. Propriétés physico-chimiques du SF$_6$

La représentation de la molécule du SF$_6$ sur la figure 1, montre une structure dans laquelle l'atome du soufre occupe le centre d'un octaèdre régulier dont chaque sommet est occupé par un atome de fluor. C'est une configuration parfaitement stable, avec des liaisons saturées, qui confèrent à la molécule une grande inertie chimique. Les liaisons soufre-fluor sont fortement covalentes.

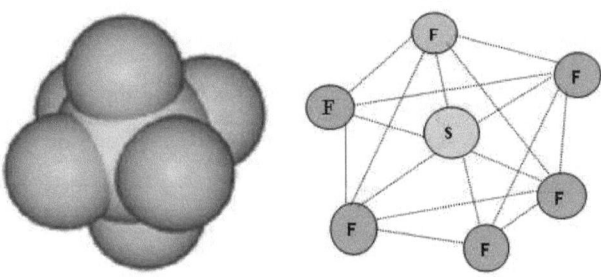

Figure 1. Structure moléculaire de l'hexafluorure de soufre (SF$_6$).

La structure moléculaire du SF$_6$ est à l'origine de l'excellente stabilité thermique, son électronégativité lui permet de neutraliser les électrons libres présents dans le milieu. Dans son état normal il est chimiquement neutre, non-toxique, et il est non-inflammable. Le SF$_6$ a une capacité remarquable de s'auto-cicatriser après une rupture de l'intervalle, il est incolore, inodore et il est très compatible avec les matériaux utilisés dans l'industrie de l'électrotechnique.

Ces propriétés le placent au premier rang des gaz utilisés dans:
- les disjoncteurs électriques, à cause de son excellente conductivité thermique, de sa haute rigidité diélectrique et de sa capacité de recouvrement et de récupération en faisant un transit rapide entre l'état conducteur et l'état isolant. Les disjoncteurs isolés au SF$_6$ sont relativement supérieurs à ceux isolés à l'air sous pression et à vide.
- les transformateurs, en plus des propriétés mentionnées pour les disjoncteurs le SF$_6$ est très compatible avec les matériaux solides et permet un

refroidissement efficace. Par rapport à l'huile le SF_6 présente les avantages suivants :
- Absence de claquage dû à l'accumulation des charges sur les isolateurs.
- Absence d'incendie.
- Une fiabilité relativement supérieure.
- Flexibilité du système.
- Peu de maintenance.
- Durée de vie plus longue.

- les lignes de transmission, en raison de sa rigidité diélectrique qu'est très élevée, l'utilisation du SF_6 offre une grande capacité de transport d'énergie, une réduction des pertes, une grande fiabilité et finalement une alternative aux lignes aériennes traversant les zones surpeuplées.
- Les postes blindés, permettant une grande économie dans le matériel, et de l'espace ainsi qu'une réduction acoustique substantielle.

I-3-1. Principales propriétés physico-chimiques du SF_6

Sur le tableau 1, sont représentées les principales propriétés du SF_6 [3].

Constante diélectrique ε	**1.002** à 25°C et à 1 bar
Masse spécifique	**6.14 kg/m^3** ; à 20°C et à 1 bar
Dimension moléculaire	**4.77 Å**
Poids moléculaire	**146,08 g**
Point triple	**-50,8 °C**; à 2.6 bar; 9.5 kcal/kg
Point de sublimation	**-63 8°C**; L_f = 38.6kcal/kg
Point critique	**45.5°C; p = 37.6 bar;** ρ=**736 kg/m^3**
Facteur de compressibilité Z(pV/RT)	**0.9372** à 15°C et à 5 bars
	0.9588 à 50°C et à 5 bars
Conductivité thermique	**0.131** (mW/cm.°C) à 15°C et à 1 bars
	0.159 (mW/cm.°C) à 50°C et à 1 bars

Tableau N° 1. Principales caractéristiques physico-chimiques du SF_6.

Le SF_6 est facilement liquéfié sous pression et à température ambiante, permettant ainsi son stockage dans des cylindres métalliques. Il est très disponible et jusqu'à 1994 son prix est resté très bas de l'ordre de $3 par livre (0,4536 Kg), pour atteindre le prix de $30 en 1997. La plupart des composés issus de sa décomposition n'influent pas sur sa rigidité diélectrique. Cependant, le SF_6 possède des propriétés indésirables, il peut former des composés très toxiques et corrosifs lorsqu'il est soumis à une décharge électrique surtout en présence de certains contaminants à savoir, l'air, CF_4 et la vapeur d'eau.

L'hexafluorure de soufre est un absorbant efficace des rayons infrarouges (IR), c'est un gaz à effet de serre et par conséquent il contribue au réchauffement terrestre.

I-3-2. Décomposition du SF_6 dans les différents types de décharges électriques

1- Décomposition dans une décharge d'arc:

Les principaux produits issus de la décomposition en présence d'une décharge d'arc sont: SOF_2; SF_4 et SF_2. [4]:

2- Décomposition dans une décharge étincelle:

Les produits détectés par différents travaux [5-6] sont rassemblés dans le tableau 2:

Produits	Concentration en % de volume
$SOF_2(SF_4)$	0.5
SOF_4	0.085
S_2F_{10}	0.026
SO_2F_2	0.006
SO_2	0.002
HF	

Tableau 2. Principaux produits issus de la décomposition du SF_6 sous décharge étincelle.

3- Décomposition dans une décharge couronne :

Le SOF_2 a été fortement détecté ainsi que le SOF_4 et le SO_2F_2. Le S_2F_{10} est un produit très toxique a été aussi détecté sous décharge couronne [7].

4- Décomposition thermique:

Le taux de décomposition du SF_6 augmente avec l'augmentation de la température et les composés qui peuvent apparaître sont: SOF_2, SO_2F_2, SO_2 (à 650 °C).

5- Toxicité des produits de décomposition du SF_6:

Pur, le SF_6 est non toxique et inerte. Il peut cependant être asphyxiant lorsque sa concentration est élevée dans l'air. Le taux maximal conventionnellement admis est de 12 mg.m^{-3} [8]. Sur le tableau 3, sont présentés quelques produits de décomposition et leurs degrés de toxicité:

Sous produits	Degré de toxicité	Quantité admissible (mg/m^3)
SOF_2	Peu toxique	2.5
SOF_2	Peu toxique	2.5
SF_4	Moyennement toxique	0.1
SO_2F_2	Moyennement toxique	5
SO_2	Moyennement toxique	2
HF	Moyennement toxique	3
S_2F_{10}	Très toxique	0.025

Tableau 3. Les principaux produits de décomposition [9].

I-4. Effet du SF_6 sur l'environnement

La demande pour le SF_6 ne cesse d'augmenter, la production est en nette progression et les prévisions sont très optimistes. La production du SF_6 a atteint le seuil en 1993 de 7000 tonnes/an et les prévisions sont de 10000 tonnes/an en 2010 [10]. Une des conséquences de l'utilisation accrue du SF_6 dans l'industrie c'est sa contribution dans l'augmentation de la température globale de l'atmosphère (effet de serre). Les mesures effectuées sur les concentrations du SF_6 dans l'atmosphère ont montré une augmentation de 8,7% par an [11]. La concentration du gaz a pratiquement doublé lors de cette dernière décennie comme on peut le constater sur la figure 2.

Propriétés du mélange hexafluorure de soufre- Azote (SF_6-N_2)

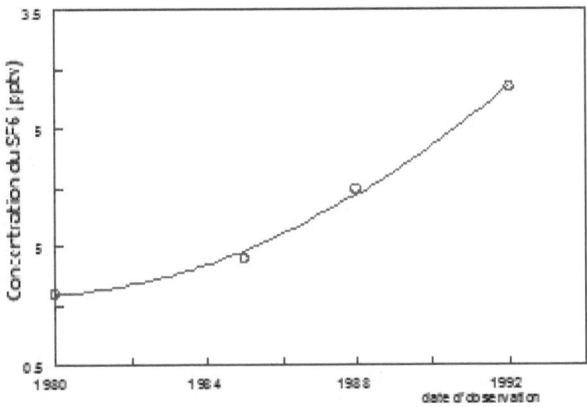

Figure 2. L'accumulation moyenne du SF_6 dans l'atmosphère (pptv = 10^{12}) [11].

L'accumulation du SF_6 dans l'atmosphère pose un souci pour l'environnement d'autant plus que le gaz à un important pouvoir d'absorption des rayons infrarouge. Actuellement la contribution du SF_6 dans le réchauffement global de l'atmosphère est de 0,01% mais cette contribution est appelée à augmenter pour atteindre une valeur de 0.1% dans 100 ans puisque toute la production finira un jour dans l'atmosphère [9-11] si de nouvelles techniques de traitement du SF_6 à bas prix ne sont pas trouvées. Ceci est d'autant vrai que la durée de vie du SF_6 est estimée entre 800 et 3200 années [12].

Jusqu'à présent, il n'y a pas de preuves impliquant le SF_6 dans le processus de destruction de la couche d'ozone, ceci est du essentiellement à la non décomposition de la molécule du SF_6 et aussi au fait que les atomes de fluor ne réagissent pas avec l'ozone.

Sur la figure 3, les lignes continues représentent la quantité réelle du SF_6 utilisée par les équipements électriques, les cercles représentent les mesures des concentrations du SF_6 dans l'atmosphère. La barre, nommée installée est la quantité du SF_6 se trouvant dans les équipements électriques à travers le monde en 1990.

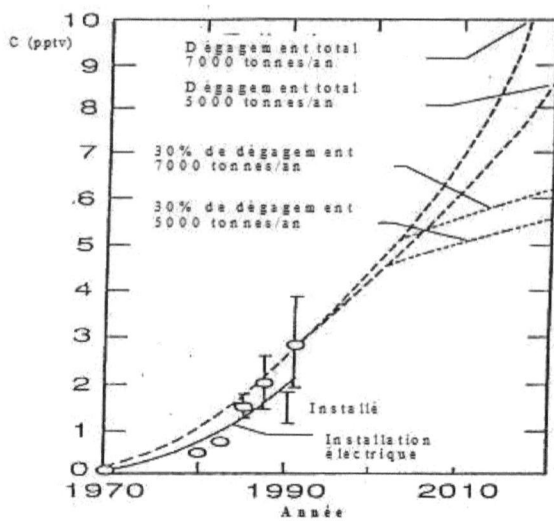

Figure 3. Evolution de la concentration du SF_6 (Concentration en pptv) dans l'atmosphère depuis 1970 [11].

I-5. Possibilités de remplacement du SF_6

Lors de la troisième conférence de Kyoto en décembre 1997, un accord à été conclu pour la réduction des émissions agrégées de six gaz à effet de serre (CO_2, CH_4, N_2O, les hydro fluorocarbures (HFC), les per fluorocarbures (PFC), et l'hexafluorure de Soufre (SF_6). L'éventuel recourt de la part de certains pays à imposer une réglementation ou des restrictions pour l'utilisation du SF_6, constitue un souci majeur pour les professionnels et les industriels du secteur de l'industrie électrotechnique. Pour pouvoir remplacer le SF_6, les gaz et les mélanges doivent se conformer aux exigences suivantes :

- Une propriété diélectrique acceptable.
- La réduction du coût des installations et de fonctionnement.
- Insensibilité aux effets des contaminants et des états des surfaces.
- Respect de l'environnement.
- Sécurité du personnel et des installations (moins de toxicité et de corrosion).

Propriétés du mélange hexafluorure de soufre- Azote (SF_6-N_2)

Il est bien connu que les performances d'isolation du SF_6 sont limitées par la rigidité diélectrique en champ non uniforme. Les propriétés du gaz qui sont principalement responsables de la haute rigidité sont celles qui résultent par une réduction de l'amplification des électrons lorsque le gaz est soumis à des contraintes. Pour que cette réduction se réalise le gaz doit:

- être électronégatif et par conséquent avoir une grande capacité d'attachement.
- avoir un pouvoir de retardement des électrons libres.

Malgré, les recherches intensives de ces dernières années, aucun gaz possède des propriétés proches du SF_6 n'a été trouvé. Certains mélanges fluocarbures peuvent avoir des rigidités diélectriques nettement supérieures au SF_6 comme on peut le voir dans tableau 4   [13]. Mais ces composés sont des gaz à effet de serre et par conséquent ils sont écologiquement non acceptables, en plus leur toxicité et leur stabilité ne sont pas connues sous les conditions réelles de claquage.

Composé	Rigidité diélectrique
SF_6	1
C_4F_{10}	1.12
C_5F_{12}	1.489
C_6F_{14}	1.922
C_4F_8	1.110
C_2F_5Cl	1.008
$C_2F_4Cl_2$	1.452
$C_2F_3Cl_3$	1.977
CF_2Cl_2	0.919
CF_3Cl_3	1.566
CCl_4	2.01
CF_2ClBr	1.311
$CHCl_3$	1.504
CF_3SF_5	1.280
CF_3CN	1.340
C_2F_5CN	1.850

Propriétés du mélange hexafluorure de soufre- Azote (SF$_6$-N$_2$)

C$_3$F$_7$CN	2.330
C$_4$F$_6$	2.060
CF$_3$NSF$_2$	2.050

Tableau 4. Rigidités diélectriques des différents mélanges fluorocarbures [13].

Parmi les mélanges qui sont sérieusement considérés comme solution pour le court terme, le mélange SF$_6$-N$_2$. La combinaison du SF$_6$ avec l'azote, permet d'une part de réduire l'énergie des électrons et ensuite de les envoyer dans la zone où ils peuvent être capturés. L'azote ralenti le mouvement des électrons libres en leurs prélevant une grande partie de leur énergie et la molécule du SF$_6$ les capte grâce au processus d'attachement.

I-6. Propriétés physico-chimiques de l'azote (N$_2$)

L'azote est le constituant majoritaire de l'atmosphère terrestre, environ 78 % en volume. Il est incolore, inodore, inflammable, non corrosif et non toxique. Toutefois, lorsqu'il est en très grande quantité, il peut être asphyxiant (par déplacement de l'oxygène).

Les propriétés physico-chimiques de l'azote sont résumées dans le tableau 4 ci-dessous [14].

Paramètres	Valeur	Conditions
Constante diélectrique	1	à T = 25°C et p = 1bar
Facteur de perte diélectrique tan(δ)	= 0 (inférieure à 2.10^{-7})	
Masse spécifique	1,18 kg/m^3	à p= 1 bar et T = 20°C
Dimension moléculaire	3 à 4 Å	
Point triple	T = -210 °C; p = 0,12 bars; L$_f$ = 6,15 kcal/kg	
Point critique	T = -146,4 °C; p = 33,99 bars ; ρ = 314 kg/m^3	
Facteur de compressibilité Z(pV/RT)	0,9984	à T = 27 °C et p = 10 bars
	0,9965	à T = 7 °C et p = 10 bars
	0,9991	à T = 27 °C et p = 5 bars
Conductivité thermique (mW/cm.°C)	0,258	à T = 27°C et p = 1 bars
	0,244	à T = 7°C et p = 1 bars
	0,262	à T = 27°C et p = 10 bars

Tableau 5. Paramètres physico-chimiques de l'azote [14].

Propriétés du mélange hexafluorure de soufre- Azote (SF$_6$-N$_2$)

Sous forme gazeuse, l'azote ne se liquéfie qu'à de très basse températures : -196°C pour une pression de 1 bar. Cette propriété lui confère un avantage indéniable sur le SF$_6$ pour une utilisation dans les régions de climat très froid. La conductivité thermique de l'azote est plus élevée que celle du SF$_6$. Ce gaz isolant est effectivement adapté pour une éventuelle utilisation sur une très grande échelle de température. La rigidité diélectrique de l'azote est 2 à 3 fois plus faible que celle du SF$_6$.

Afin d'égaler les performances diélectriques du SF$_6$ on peut miser sur l'augmentation de la pression d'utilisation de l'azote, on a envisagé a priori une pression d'azote environ trois fois supérieure à la pression usuelle de SF$_6$ pour atteindre la même tenue diélectrique.

La contribution majeure de l'azote dans le mélange SF$_6$-N$_2$ est de ralentir les collisions électroniques en réduisant l'énergie des électrons. Le processus vibratoire intense tend à renvoyer les électrons dans la zone où la probabilité d'attachement du SF$_6$ est élevée. L'effet de synergie de l'azote a été mis en évidence et l'abondance de l'azote dans l'air lui donne un atout supplémentaire du point de vue coût.

Les avantages d'un tel mélange résident dans:
- La réduction du coût du système.
- L'utilisation d'une faible concentration du SF$_6$ dans le mélange fournie une solution au problème de la contribution de ce dernier au réchauffement de l'atmosphère.
- Elargissement de l'utilisation de l'isolant aux zones très froides et à des pressions relativement élevées sans pour autant provoquer la liquéfaction du diélectrique. Ceci peut être vérifié par les courbes de pression de vapeur représenté sur la figure 4, pour le SF$_6$, N$_2$ et le mélange SF$_6$-N$_2$.

Propriétés du mélange hexafluorure de soufre- Azote (SF₆-N₂)

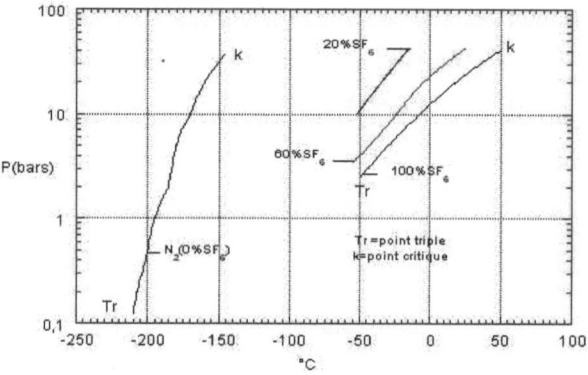

Figure 4. Courbes de pression de vapeur pour le SF$_6$, N$_2$ et SF$_6$-N$_2$ [15].

On peut constater que le SF$_6$ se liquéfié à des températures nettement supérieures à celles de l'azote. Avec le mélange SF$_6$-N$_2$ ou le gaz idéale est l'azote et le SF$_6$ est considéré comme gaz condensable, la liquéfaction du mélange dépend de la pression partielle du SF$_6$. La diminution de cette pression partielle cause un élargissement de l'intervalle de pression et de température dans lesquels le SF$_6$ ne se condense pas, ce qui est un atout pour les équipements travaillant à hautes pressions et à basses températures.

- La rigidité diélectrique du mélange est moins sensible à la non uniformité du champ électrique, à l état de la surface et à la présence des particules libres.

- La décomposition chimique du mélange en présence d'une décharge électrique et en présence d'impuretés comme l'oxygène a révélé la présence en faibles proportions de l'oxyde d'azote ainsi que les halogénures d'azote NF$_3$, les radicaux NF$_2$ (de N$_2$F$_2$) et le NF (de NF$_3$), il faut noter que NF$_3$ et N$_2$F$_2$ sont stables [16]. Les produits SF$_5$NF$_2$ et (SF$_5$)$_2$NF ont été détectés dans les mélanges 10%SF$_6$/90%N$_2$, le S$_2$F$_{10}$ est présent avec relativement de faibles quantités, par contre, le produit (SF$_4$+SOF$_2$) est formé en larges quantités, le composé (SOF$_4$+SO$_2$F$_2$) est produit avec les mêmes proportions que pour le SF$_6$ pure. Concernant les produits S$_2$OF$_{10}$ ET S$_2$O$_2$F$_{10}$ leurs quantités sont les

mêmes tandis que, le produit $S_2O_3F_6$ n'apparaît que dans les mélanges SF_6-N_2 [17]. La diminution de la concentration du S_{F6} dans le mélange provoque:
- Une diminution des réactions de recombinaison dans le SF_6.
- Une augmentation relative des impuretés (H_2O, O_2) par rapport au SF_6.

I-7. Conclusion.

La majorité des chercheurs dans le domaine d'isolation à haute tension, considèrent le SF_6 comme le gaz le plus adapté du point de vue rigidité diélectrique dans les systèmes à haute tension. Devant les problèmes issus de sa décomposition et son effet négatif sur l'atmosphère, le SF_6 devient indésirable. Une solution pour le long terme consiste à son élimination complète ce qui est actuellement pratiquement impossible. La solution la plus plausible pour le court terme, est de réduire la concentration du SF_6 dans l'atmosphère en utilisant un mélange SF_6-N_2. Il faut noter que ce mélange est déjà utilisé dans les régions ou la température est très basse. Ce mélange a été le sujet le plus traité théoriquement et expérimentalement.

Néanmoins des études supplémentaires sont nécessaires pour expliquer le comportement de ce mélange dans les pressions très hautes et pour des champs fortement divergents.

Chapitre II

II-1. Généralités sur les gaz isolants

Un gaz constitue un isolant parfait puisqu'il ne contient que des atomes et molécules neutres. En pratique, un gaz contient toujours un certain nombre de particules chargées. Celles-ci proviennent principalement des cascades d'électrons et d'ions résultant du rayonnement cosmique et de la radioactivité terrestre. Lorsque le gaz est soumis à une tension il passe d'un état quasi-isolant à un état plus au moins conducteur.

La connaissance du processus de transport des charges électriques, d'ionisation, d'attachement et de détachement est nécessaire pour pouvoir prédire les conditions de rupture de l'intervalle. Les informations sur l'excitation et la dissociation permettent une évaluation adéquate de la stabilité chimique du gaz soumis à une décharge électrique.

Les paramètres de collisions microscopiques tels que la section efficace pour les espèces individuelles dans ce cas le SF_6 et l'azote, sont supposées les mêmes, que ce soit dans leurs états purs ou dans le mélange. Par contre pour les paramètres macroscopiques de transport des ions et des électrons dépendent de la composition du mélange.

Dans une décharge électrique il est extrêmement difficile de résoudre la fonction de distribution des vitesses des particules. Les seules grandeurs auxquelles on accède couramment sont des grandeurs macroscopiques qui se définissent comme des valeurs moyennes des grandeurs microscopiques. Dans un milieu ionisé ces grandeurs correspondent à la vitesse de dérive, la mobilité et les coefficients de diffusion, d'ionisation, d'attachement et de recombinaison.

Dans ce chapitre, des résumés sur les théories des claquages dans les gaz, les théories des mobilités des porteurs de charges ainsi que sur l'utilisation de la spectroscopie pour l'analyse des décharges électriques sont évoqués.

II-2. Rappels théoriques

II-2-1. Propriétés physiques des gaz isolants

- Vitesse de dérive (w) :

Considérons un ensemble de particules chargées de même type, situé dans un gaz de particules neutres. En absence de forces extérieures aucune direction n'est privilégiée et la fonction de distribution des vitesses des ions ou des électrons est isotrope. Si nous appliquons un champ électrique constant l'ensemble des particules va alors se déplacer collectivement dans la direction de la force induite par le champ. La vitesse moyenne avec laquelle le centre de masse de cet ensemble de particules se déplace dans la direction du champ électrique est appelée vitesse de dérive (w). Cette vitesse peut être déterminée par la relation suivante :

$$w = \mu E \qquad \text{II-1}$$

Où μ représente la mobilité des particules chargées.
E est la valeur du champ électrique.
En terme de variables réduites E/P (ou E/N) la relation précédente s'écrira :

$$w = (\mu p) E/p = \mu N (E/N) \qquad \text{II-2}$$

p est la pression exprimée en Torrs et N est la densité du gaz.
μ est la mobilité.

- Coefficient de diffusion (D)

Dans un gaz les différences de concentration des particules d'une région à une autre créent un déplacement des particules des régions de haute concentration vers les régions de basse concentration. Le flux de diffusion par unité de surface (exprimé en $cm^{-2}.s^{-1}$) est proportionnel au gradient de densité suivant la relation :

$$\varphi = -D \, grad N \qquad \text{II-3}$$

D est le coefficient de diffusion.

Propriétés du mélange hexafluorure de soufre- Azote (SF$_6$-N$_2$)

- Coefficient d'ionisation (α):

Lorsque l'énergie des électrons est suffisamment grande, ils peuvent ioniser les molécules du gaz. Pour caractériser ce processus on introduit une grandeur α appelée coefficient d'ionisation (ou premier coefficient de Townsend). Ce coefficient représente le nombre de pairs ions électrons crées par centimètre de parcours dans la direction de l'accélération. Dans ces conditions, si on suppose qu'un électron se déplace entre deux électrodes parallèles et se heurte avec une molécule neutre, il provoque trois réactions :

1. Si la collision est élastique l'électron perd une partie de son énergie au profit de la molécule (plus lourde) et peut changer de direction.
2. Si la collision est inélastique un atome excité apparaît :

$$A + e^- \longrightarrow A^* + e^-$$

Ou A est l'atome neutre et A* est l'atome excité.

Après un court moment de l'ordre de µs l'atome excité libère un photon :

$$A^* \longrightarrow A + h\lambda$$

h est la constante de Planck et λ est la fréquence de radiation.

3. Pour des niveaux d'énergie élevés la collision permet la libération d'un nouvel électron et l'apparition d'un ion positif :

$$A + e^- \longrightarrow A^+ + 2e^-$$

Ce mécanisme est le plus important pour l'amorçage du claquage.

Le coefficient d'ionisation: $\alpha = \dfrac{\text{nombre.d'électrons.nouveaux}}{\text{distance(cm,.en.direction.du;champ)}}$

- Coefficient d'attachement (η):

Le coefficient d'attachement (η) caractérise le nombre d'électrons qui disparaissent par unité de longueur par suite des processus d'attachement. Dans ce cas le courant ne peut que décroître en fonction de la position :

$$A + e^- \longrightarrow A^-$$

La détermination aussi bien théorique qu'expérimentale du coefficient d'attachement est plus délicate que son homologue α. La principale raison est que les mécanismes caractérisant l'attachement des électrons sont plus complexes que ceux caractérisant l'ionisation. En outre l'attachement s'effectue à basse énergie électronique.

- Coefficient d'ionisation effectif $\bar{\alpha}$

Lorsque les processus d'ionisation et d'attachement coexistent, il est difficile de déterminer séparément les deux coefficients. Le coefficient d'ionisation effectif est donné par la relation suivante: $\bar{\alpha} = \alpha - \eta$

La dépendance du courant total relativement de α et η est très complexe, la variation du courant en fonction de la distance inter électrode (d) est donnée par l'expression:

$$i(d) = i_0 \left\{ \frac{\alpha}{\alpha - \eta} \exp\left[\frac{\alpha - \eta}{N}(d - x_0)N\right] - \frac{\eta}{\alpha - \eta} \right\} \qquad \text{II-4}$$

Lorsque η est beaucoup plus inférieur à α (fortes valeurs de E/N) le courant total ne dépend que de α.

Par contre si η est très supérieur a α (faible valeurs de E/N, gaz très électronégatifs) on a :

$$i(d) = i_0 \left\{ 1 - \frac{\alpha}{\eta} \exp\left[\frac{-\eta}{N}(d - x_0)N\right] \right\} \qquad \text{II-5}$$

Dans ce cas i(d) est inférieur à i_0 aux faibles valeurs de d, mais tend vers i_0 lorsque d devient important.

- Coefficient de détachement

Les ions négatifs formés peuvent disparaître par l'intermédiaire de mécanismes très divers sous certaines conditions (pression, nature des ions négatifs, du champ électrique, …etc.). Ces phénomènes de détachement semblent, dans les décharges à haute pression être l'origine principale d'électrons germes dans la décharge.

$$A^- + h\lambda \longrightarrow A + e^-$$

Le détachement est caractérisé par un coefficient de détachement qui peut être défini de la même manière que le coefficient d'ionisation et de d'attachement.

- Coefficient de recombinaison

En l'absence du champ électrique les électrons et les ions ne peuvent disparaître que par :
- diffusion des électrons vers les parois.
- attachement.
- recombinaison avec les ions positifs et négatifs présents à l'intérieur de l'enceinte.

Les phénomènes de recombinaison ne deviendront prépondérants que dans un gaz non électronégatif et aux fortes pressions. On définit le coefficient de recombinaison électron-ion positif α_r exprimé en $m^{-3} s^{-1}$ par la relation suivante :

$$\frac{dn_e}{dt} = -\alpha_r n_e n_p \qquad \text{II-6}$$

On définit de la même façon un coefficient de recombinaison ion positif - ion négatif.

II-2-2. Critères de rupture de l'intervalle dans un champ homogène

- Croissance d'une avalanche électronique

Le processus fondamental pour le développement d'une décharge dans un milieu gazeux est l'avalanche électronique. Suivant ce mécanisme, des électrons libres accélérés par le champ électrique peuvent acquérir de l'énergie suffisante pour provoquer, par des collisions, l'ionisation des molécules neutres, pendant leur mouvement dans l'espace inter-électrodes.

Le résultat est la formation des multiples pairs électrons rapides - ions lourds formant une avalanche électronique à partir d'un électron initial. Le nombre N_0 d'électrons libres de l'avalanche augmente de façon exponentielle suivant la relation suivante:

$$N_e(x) = N_0 \exp\left[\int (\alpha - \eta) dx\right] = N_0 \exp\left[\int \overline{\alpha} dx\right] \qquad \text{II-7}$$

Si les conditions de génération d'électrons libres ne sont pas favorables, ces avalanches électroniques deviennent des événements solitaires et s'éteignent naturellement lorsqu'elles approchent l'anode ou des régions de faible intensité de champ électrique.

Afin d'expliquer les phénomènes physiques qui conduisent au claquage d'un intervalle isolé par un gaz, différentes théories ont été développées au fil des années.

- Le mécanisme de Townsend

Selon ce type de claquage, la succession d'avalanches électroniques, initiées à la cathode est fondamentale. La formation d'une seule avalanche n'est pas capable de provoquer le claquage. La théorie de Townsend met donc en valeur des processus secondaires d'ionisation qui assurent la création des électrons pour le développement des nouvelles avalanches. Les principaux mécanismes de création d'électrons secondaires sont la photo ionisation dans le gaz (rôle des photons émis par des atomes excités ou réactions de recombinaison), l'émission photoélectrique par la cathode et le bombardement de la surface de la cathode par les ions positifs. En supposant que les électrons secondaires se produisent au niveau de la cathode, Geballe et Reeves [18], ont élaboré un critère, dit critère de Townsend, pour l'établissement d'une décharge autœntretenue qui pour des conditions strictement homogènes (plan-plan) conduit rapidement au claquage. Selon ce critère, la condition pour un claquage est remplie lorsque:

$$\exp(\overline{\alpha}d) = \left(\frac{1}{\gamma}\right)\left(1+\gamma+\frac{\eta}{\alpha}\right) \qquad \text{II-8}$$

Avec γ le coefficient secondaire d'ionisation (nombre d'électrons secondaires émis par la cathode) et d la distance inter électrodes. Pour un intervalle induisant un champ électrique homogène, le champ de claquage déterminé par ce critère est proche à la valeur limite. La condition de claquage peut être simplifiée à l'expression, selon laquelle le claquage a lieu quand le champ permet à l'ionisation (α) de prédominer l'attachement (η).

Il faut noter que la théorie de Townsend est applicable pour des conditions quasi statiques et pour des champs strictement uniformes. Le critère établi permet une bonne prévision des tensions d'amorçage à basse pression, mais il est de peu d'utilité pour l'ingénieur des projets de haute tension. Pour des applications pratiques, les tensions sont des impulsions à front raide provoquant la rupture dans un temps très court. Or, le mécanisme de Townsend aboutit à des temps formatifs longs puisqu'il suppose que plusieurs avalanches sont engendrées avant que le claquage puisse avoir lieu. Son application pour une configuration de champs inhomogène est douteuse, surtout pour la polarité positive pour laquelle la formation des avalanches à la cathode n'est peut-être pas possible à cause de la forte réduction du champ. Par ailleurs, des temps formatifs si courts ont été observés, que même les électrons n'ont pas le temps de traverser l'intervalle. Ces amorçages extrêmement rapides ont conduit à l'élaboration de la théorie du streamer qui implique d'avantage des phénomènes d'ionisation dans le gaz, à proximité de la tête de l'avalanche.

Pourtant le mécanisme de Townsend peut être considéré comme le précurseur du mécanisme de streamer, du fait qu'il provoque une accumulation des charges d'espace qui perturbent localement le champ créant les conditions nécessaires pour le début d'un processus de formation d'un canal conducteur [19].

- <u>Loi de Paschen</u>

L'étude de la décharge type Townsend à montrer que la tension de rupture pouvait s'exprimer comme une fonction implicite de Pd. C'est ce qu'on appelle la loi de Paschen.

$$U_c = f(Pd) \qquad \text{II-9}$$

Sur la figure 5, est présentée une courbe typique de Paschen.

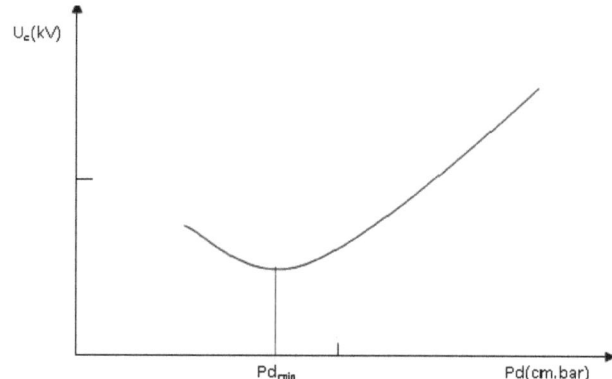

Figure 5. Courbe typique de Paschen [20].

La signification physique de cette loi peut être aisément compréhensive. En effet, si l'on diminue progressivement la pression P, les électrons effectuent de moins en moins de collisions. Si l'on veut maintenir les valeurs de $\overline{\alpha}$ suffisamment élevées de manière à ce que la condition de criticité soit préservée, le nombre de collisions ionisantes doit être augmenté. Dans ces conditions U_c doit être progressivement augmenté à mesure que la pression diminue. Par ailleurs, si le produit Pd croit, un électron accéléré par le champ électrique aura une probabilité plus grande de rencontrer une molécule du gaz, mais l'énergie moyenne acquise entre deux collisions étant plus faible, la probabilité d'obtenir une collision ionisante est relativement faible à moins d'augmenter la tension. Il s'ensuit que la courbe de Paschen doit nécessairement passer par un minimum.

- Déviation de la loi de Paschen.

Des déviations importantes par rapport à la loi de Paschen aux pressions élevées et aux distances relativement fiables ont été observées conduisant à la réduction des tensions de rupture de l'intervalle. Ces réductions peuvent atteindre jusqu'à 50% des valeurs estimées par la loi de Paschen [21]. Les diminutions des tensions de claquage pour le cas du SF_6 sont probablement causées par la distorsion du champ électrique dû essentiellement à la rugosité des surfaces des électrodes et à la présence des particules libres dans le milieu.

- Mécanismes des streamers

La théorie de streamer a été introduite afin d'expliquer comment une seule avalanche électronique de taille critique est suffisante de conduire au claquage rapide de l'intervalle.

Un streamer est défini comme un canal filamentaire étroit prenant naissance généralement sur une électrode et caractérisé par:
- Une forte concentration de charge unipolaire.
- Une vitesse de croissance très élevée et par conséquent un temps de claquage réduit.

La propagation d'un streamer est essentiellement due à:

- La production des électrons par photo ionisation à la tête de l'avalanche.
- L'augmentation du champ électrique local due à l'effet de la charge d'espace.

- Effet de la charge d'espace

Dans un champ électrique proche du champ critique, les ions positifs se déplacent avec une vitesse de l'ordre de 10^5 cm sec^{-1} tandis que les électrons ont une vitesse de l'ordre de 10^7 cm sec^{-1}. Dans ce cas les ions positifs peuvent être considérés comme immobiles par rapport aux électrons, l'avalanche qui se développe dans un champ uniforme se présente comme un nuage d'électrons en tête suivi par un nombre similaire d'ions positifs à la queue. Ceci provoque l'apparition d'une charge d'espace qui tend à déformer le champ électrique initial. L'effet immédiat de la charge d'espace est l'augmentation du champ électrique à la tête et à la queue et une diminution dans la zone intermédiaire entre les électrons et les ions positifs comme on peut le voir sur la figure 6.

Figure 6: Evolution de la charge d'espace en champ uniforme.

Raether, Meek et Loeb ont élaboré des critères semi-empiriques pour la transition à la théorie des streamers (dards) basée sur la magnitude de la charge d'espace.

Raether [22] a postulé que le streamer peut se développer quand le mécanisme de Townsend à partir de la cathode produit un nombre d'électrons suffisant pour permettre au champ de la charge d'espace d'être comparable au champ appliqué.

Propriétés du mélange hexafluorure de soufre- Azote (SF$_6$-N$_2$)

Considérant un streamer négatif (figure 7b) Raether a établi l'égalité suivante:

$$E_s = \frac{q \exp(\alpha x)}{4\pi r_a \varepsilon_0} = E \qquad \text{II-10}$$

E_s est le champ correspondant à la charge d'espace.

x est la longueur de l'avalanche.

ε_0 = Constante diélectrique dans le vide.

q est la charge électronique.

Dans ce cas Raether a pris $\alpha d = 20$.

Meek et Loeb [23] ont considéré le streamer positif avec presque la même théorie de Raether (figure.7a). L'augmentation du champ est due à la charge d'espace des ions positifs laissés à la queue de l'avalanche. Les ions positifs apparaissent comme un canal à extrémité hémisphérique au fur et à mesure que le streamer se développe. Meek a formulé l'équation du champ produit par la charge d'espace à une distance r de la manière suivante:

$$E_s = \frac{4}{3} q r_s \alpha \exp(\alpha d)/r^2 \cong E \qquad \text{II-11}$$

r_s est le rayon du streamer.

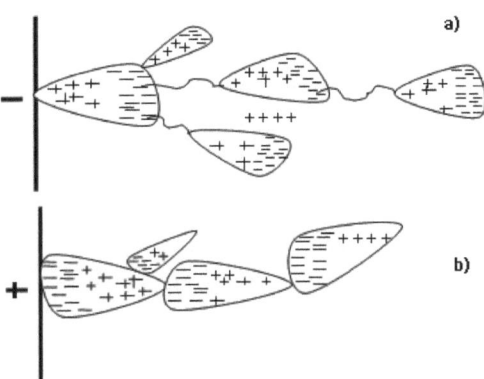

Figure 7. Propagation d'un streamer a) positif ; b) Négatif.

Pour des champs homogènes, lorsque le champ est suffisamment élevé, la formation du streamer conduit directement au claquage par une seule étape. En effet, le champ E/P(x) est constant partout dans l'espace inter-électrodes et supérieur à la valeur critique de 89 kV/cm à la distance critique x_c.

II-3. Techniques expérimentales de détections des décharges électriques

Les principales méthodes utilisées pour la détection des décharges dans les systèmes à isolation gazeuse (GIS) peuvent être classées en :
- Méthodes chimiques.
- Méthodes acoustiques.
- Méthodes électromagnétiques.
- Méthodes électriques.
- Méthodes optiques.
- <u>Méthodes chimiques :</u>

Elles sont basées sur l'identification des composées issus de la décomposition du SF_6 [24]. Ces méthodes nécessitent une seconde à plusieurs heures. Pour avoir une analyse complète des composées issus de la décomposition après l'initiation de la décharge. En plus, la zone de la décharge ne peur pas être localisée.
- <u>Méthodes acoustiques.</u>

Elles sont adéquates pour la localisation des décharges et pour identifier les particules oscillantes. Cependant, cette méthode ne peut fournir une indication directe de la magnitude de la décharge. Elle est moins sensible et difficile à appliquer pour les systèmes pratiques en présences des bruits et vibrations externes [25-26].
- <u>Méthodes électromagnétiques.</u>

En partant du principe que n'importe quelle décharge (partielle ou complète) émet des ondes électromagnétiques de tension et de courant [24]. La forme de ces ondes dépend de la localisation des défauts, du système de configuration et de la nature du défaut. Les méthodes électromagnétiques sont peuvent être perturbées par les interférences électromagnétiques et sont difficiles à appliquer pour les systèmes pratiques.

- Méthodes électriques.

Les méthodes électriques conventionnelles sont très bien établies. Elles sont précises, très sensibles et les mesures des différents niveaux de la décharges sont possibles [24].

Malgré que cette méthode est sujette aux bruits électriques externes et ne peut localiser la décharge, néanmoins, elle est préconisée dans le présent travail pour les mesures des courbes I(U) et les tensions seuils de la décharge couronne.

- Méthodes optiques.

Cette technique est basée sur la détection des radiations émises par les décharges dans les systèmes (GIS) [24]. Elle n'est pas affectée par les bruits électriques et mécaniques externes. Une analyse de la lumière émise par la décharge couronne a été entreprise dans ce travail pour la localisation et la détermination de la température de la décharge.

II-3-1. Technique de mesure électrique

Le dispositif ainsi que la procédure de mesures des caractéristiques de courant en fonction de la tension (I=f(U)) utilisées pour déterminer les tensions seuils, les mobilités des porteurs de charges et la détection de la lumière émise par la décharge couronne sont largement détaillés dans cette section.

Le schéma du dispositif est présenté sur la figure 8. La cellule d'étude en acier inoxydable ayant un volume de 50 cc et dont le schéma est représenté sur la figure 9. Elle est équipée de deux fenêtres latérales pour la visualisation des décharges luminescentes. Les électrodes en configuration pointe-plan sont montées à l'intérieur de la cellule. L'électrode plane, en acier inoxydable ayant un rayon de 12 mm est connectée à un électromètre afin de mesurer le courant collecté. L'électrode pointe possédant un rayon de courbure de quelques micromètres. La technique utilisée pour préparer les pointes émissives est un « affinage par dissolution électrolytique ». Ces pointes sont en tungstène, un métal à point de fusion élevée, dont l'érosion électrolytique est particulièrement aisée. Des pointes en acier inoxydable ont aussi été utilisées. La pointe est connectée à la source de haute tension à courant continu (dont la tension peut atteindre jusqu'à 60 kV). La cellule est nettoyée et placée sous vide à l'aide d'une pompe primaire à une pression de l'ordre de 5 10^{-2} Pa, avant l'introduction du gaz. Le SF_6 délivré est d'une pureté de 99.97%, avec comme impuretés le H_2O (8 ppm), N_2 (80 ppm), HF(1 ppm), O_2 (20 ppm) et finalement le CF_4 (100 ppm). L'azote utilisé est le N60 délivré par Air Liquide. Le mélange est réalisé par la méthode partielle avec l'introduction du SF_6 avant l'azote. Des mélanges préalablement préparés par le même fournisseur ont été utilisés. Les mesures sont réalisées pour des pressions élevées variant de 0.2 MPa à 1.4 MPa et pour des distances inter-électrodes variant de 4 mm à 10 mm. Le courant est mesuré pour des valeurs de tensions ascendantes et descendantes afin des mettre en évidence le phénomène d'hystérésis. Après chaque série de mesure en prend une pause pour permettre au mélange de se stabiliser. Les pointes sont régulièrement changées pour réduire l'effet de la variation du leurs rayons de courbure. Des analyses au microscope électronique (MEB) ont été réalisées sur les pointes usées pour voir les déformations morphologiques de leur surface.

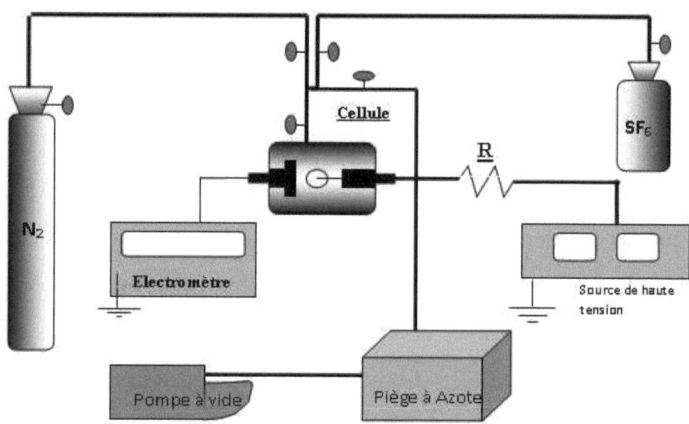

Figure 8. Dispositif de mesure des courant-tension (I=f(U)) pour la détermination des mobilités et des tensions seuils.

La cellule d'essai

La cellule d'essai utilisée dans tous nos travaux (figure 9) est une cellule travaillant à température ambiante et composée d'un corps en acier inoxydable couvert par deux flasques en acier inoxydable qui sont utilisés pour le montage et le démontage des électrodes. Sur le corps se trouvent deux hublots en quartz. A l'intérieur de la cellule est placé un système d'électrodes pointe-plan supporté par des supports en alumine. L'électrode plane est en acier inoxydable de 36mm de diamètre et l'électrode pointe est une aiguille fabriquée en tungstène ou en acier inoxydable de quelques µm de diamètre.

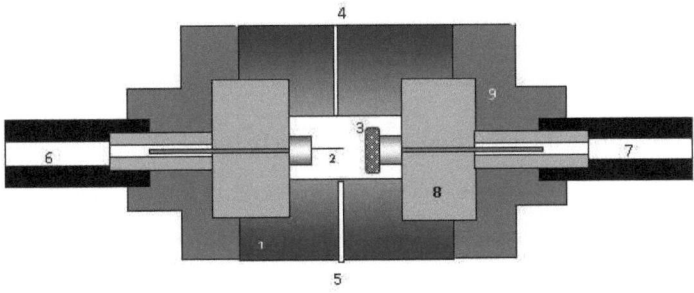

Figure 9. Cellule pour les essais dans les gaz comprimés.
1- Corps en acier inoxydable. 2- Aiguille en tungstène ou en acier inoxydable. 3- Electrode plane en acier inoxydable. 4- Tube connecté au système de circulation. 5- Tube connecté au manomètre, au système de pompage et de remplissage. 6- Connecteur haute tension. 7- Connecteur au système de mesure (électromètre). 8- Isolateurs en alumine. 9- Flasque en acier inoxydable.

II-3-2. Préparation des pointes électrodes.

La technique utilisée pour préparer les pointes émissives est un « affinage par dissolution électrolytique ». Ces pointes sont en tungstène, un métal à point de fusion élevé, dont l'érosion électrolytique est particulièrement aisée. L'affinage se déroule de la façon suivante: les électrodes sont constituées d'une part d'un fil de tungstène de 1mm de diamètre et d'autre part d'un cylindre en acier inoxydable. Le fil de tungstène est suspendu à un support en acier. Son extrémité inférieure est fixée à une base, en acier également. Les deux électrodes sont plongées dans un bain de tétrachlorure de carbone (CCl_4), sur lequel flotte une couche de potasse (KOH). La base en acier se trouve à quelques millimètres du fond du bain, alors que le support reste à l'extérieur du bain. Une tension continue de l'ordre de 6V est appliquée entre les électrodes. Le passage du courant dans la couche de potasse provoque l'érosion du fil de tungstène, qui finit par se rompre en deux parties. L'une reste suspendue au support en acier; elle ne nous sera d'aucune utilité et l'autre tombe au fond du bain. Cette dernière subit un nouvel affinage lors d'un deuxième passage de courant. Nous obtenons alors une pointe dont l'extrémité est de forme hémisphérique. La pointe est alors lavée à l'eau distillée et à l'acétone, puis séchée. Son rayon de courbure est mesuré au microscope électronique. La valeur de ce rayon dépend de la durée d'application de la tension lors du deuxième affinage: plus cette durée est grande et plus le rayon est grand.

II-3-3. Technique de détection spectrale de la lumière.

Le dispositif expérimental de détection de la lumière émise est représenté sur la figure 10. Il se compose d'une enceinte en acier inoxydable équipée de deux fenêtres latérales en quartz qui sont nécessaire pour la détection de la lumière (le même que celui utilisé dans les mesures électriques). Après utilisation les pointes sont analysées au microscope électronique afin d'évaluer leur degré de détérioration. Il faut noter que pour chaque gaz on place une nouvelle pointe. La lumière émise d'une décharge couronne passe à travers un spectrographe "Jarrel-Ash" ayant une longueur focale de 275 mm et une ouverture f/3.8, équipé d'un ensemble de trois réseaux: 150 traits/mm (fenêtre spectrale 302nm), 600 traits/mm (fenêtre spectrale 77nm) et 1200 Traits/mm (fenêtre spectrale 37nm). La résolution maximale est de 0.3 nm avec un réseau de 1200 traits/mm. Pour focaliser l'image de la pointe sur la fente du monochromateur on utilise une lentille à plan convexe en quartz. La détection de la lumière sortant du spectrographe est effectuée par un ensemble de 512 photodiodes, dont la longueur totale est de 12.8mm avec une hauteur de 2.5mm. Afin d'améliorer le signal détecté un refroidissement du photo détecteur à –40°C est nécessaire, ceci peut se faire par effet Peltier avec un liquide de refroidissement à –

20°C. Le photo détecteur est relié à un analyseur optique multicanaux (OMA3 modèle 1460 EG & G Princeton Applied Research). Les spectres de la lumière émise ont été acquis en accumulation avec étalonnage de la longueur d'onde seulement. Le calibrage de cette dernière est réalisé à l'aide des lampes étalons (vapeur de mercure, argon, krypton, etc. ...). D'abord on fait l'acquisition du spectre de la lampe, Le calibrage d'onde peut se faire en connaissant les longueurs d'ondes des raies émises pour chaque lampe dans la fenêtre spectrale considérée. On peut ensuite identifier les constituants émis par la décharge luminescente. Le calibrage devra être fait à chaque changement de fenêtre spectrale. Pour éliminer les effets du second ordre qui apparaissent pour des longueurs d'ondes supérieures à 400 nm, on utilise des filtres.

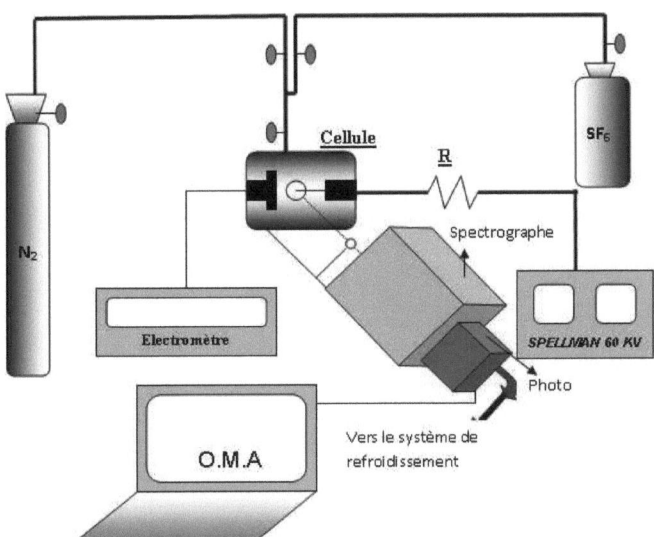

Figure 10. Dispositif de détection de la lumière émise.

Chapitre III

III. Décharge couronne
III-1. Processus de calquage dans un champ fortement divergent

<u>Décharge couronne en pointe-plan dans le SF_6</u>

Lorsqu'on applique une tension suffisante aux bornes d'un système d'électrodes à géométrie non homogène, on se trouve alors en présence d'un effet couronne qui apparaît sur l'une des électrodes appelée électrode active. Le seuil d'apparition de l'effet couronne dans un système pointe plan dépend de plusieurs paramètres à savoir la pression du gaz, la tension appliquée, la distance inter-électrodes et finalement le rayon de courbure de l'électrode pointe. Les décharges couronnes peuvent apparaître dans tous les gaz électronégatifs et elles ont été considérées comme des décharges erratiques accompagnées d'impulsions dans le circuit extérieur pour la polarité positive et négative.

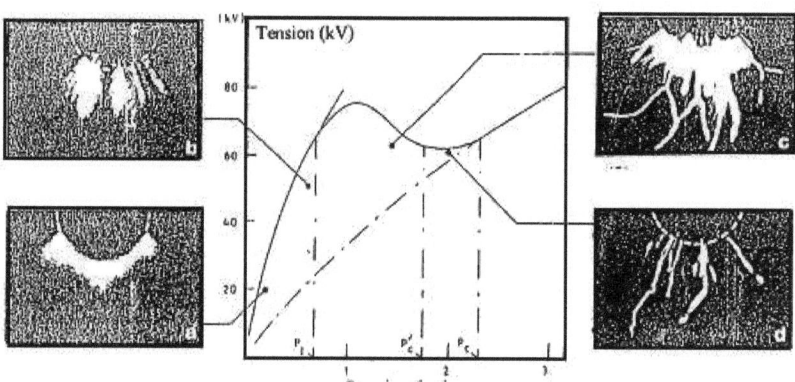

Figure 11. Décharge couronne continue en pointe anodique dans le SF_6 [27].

La figure 11, illustre l'aspect lumineux de la décharge couronne lorsque seule la pression varie. Sur cette figure apparaissent, toujours en fonction de la pression, les valeurs des tensions de claquage et des tensions seuils de la décharge couronne. Ces dernières correspondent aux tensions à partir des quelles sont détectées les premières impulsions du courant.

Les caractéristiques typiques du mécanisme de claquage d'un gaz électronégatif en présence d'un champ fortement divergent sont montrées sur la figure 12.

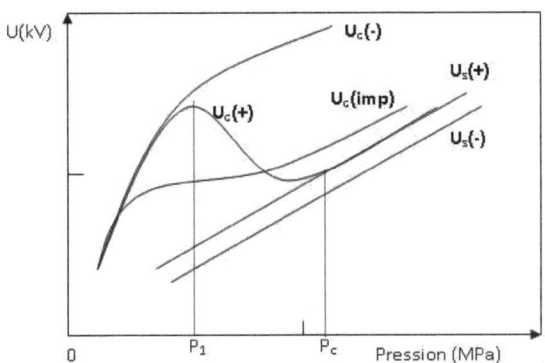

Figure 12. Tensions seuils de claquage et de décharges couronnes dans le SF_6 en fonction de la pression et pour les différentes formes de tensions avec un champ fortement divergent [28].

Les tensions seuils d'apparition de la décharge couronne représentant un claquage partiel au voisinage de l'électrode pointe est supérieur en polarité positive par rapport à la polarité négative, du fait que les avalanches se développent vers les régions à champ élevé [28]. Par contre, les tensions de claquage sont plus élevées en polarité négative et ils ne présentent pas de maximum. Pour les tensions alternatives le claquage se déroule dans le premier demi-cycle positif et sa caractéristique ressemble à celle de la polarité positive. Pour les claquages dus à des impulsions positives la courbe présente un faible maximum comparé à celle de la polarité positive. Ceci est valable aussi pour l'impulsion négative.

L'écart existant entre la tension seuil (U_s) de la décharge couronne et la tension de claquage, caractérise ce qui est communément appelé l'effet protecteur (corona stabilisation) [29] de la décharge couronne contre le claquage. Ce phénomène tient son nom du fait qu'en configuration pointe-plan, si une haute tension impulsionnelle (c'est-à-dire dont le temps de monté est très court), est appliquée à la pointe, le claquage survient pour des tensions généralement inférieures à celles des tensions continues. Les raisons avancées pour expliquer cette différence, sont qu'en décharge couronne sous tension continue et pour une tension inférieure à la tension disruptive, la charge d'espace constituée par la dérive des ions entre les électrodes, modifie la distribution du champ de telle sorte que la décharge ne peut exister qu'à proximité de la pointe. Signalons que cette notion de protection par effet couronne a bien évidemment suscité l'intérêt des chercheurs. L'effet protecteur peut être décomposé en fonction de la pression du gaz, en trois parties distinctes :

- Pour les pressions les plus basses ($p < p_1$), la protection contre le claquage assurée par la décharge couronne augmente régulièrement jusqu'à atteindre un maximum. Dans cette phase, la tension augmente quasi-linéairement avec la pression et une décharge diffuse prend naissance au bout de la pointe. L'augmentation de la pression provoque la transition progressive vers un régime de décharges filamentaires (type streamer) confinées à quelques millimètres de la pointe [30].

- A basse pression et jusqu'à la pression p_1, le claquage se produit suite à la propagation d'un streamer de la pointe vers le plan [29]. Selon Farish [30], ceci est possible dés lors que la distribution axiale du champ est telle que le rapport E/P est partout supérieur à la valeur critique de 45 kV/cm/bar pour le SF_6, car d'après l'auteur ce type de claquage ne peut avoir lieu que si les conditions de propagation du streamer sont garanties.

- En augmentant d'avantage la pression ($p > p_1$), la figure nous montre une dégradation manifeste de l'effet protecteur qui se traduit par une réduction abrupte, en fonction de la pression, de l'écart entre les tensions seuils et les tensions de claquage. Cette phase de dégradation de l'effet protecteur atteint son maximum pour une valeur critique de la pression p_c, passé cette limite, la décharge couronne n'existe plus et que le claquage représente la seule manifestation électrique possible.

III-2. Détermination de la tension seuil de la décharge couronne dans le SF_6

La forte électronégativité du SF_6 et l'inhomogénéité du champ facilitent la concentration des charges d'espaces (ions) dans la région de champ faible. Cette accumulation des charges d'espaces dans l'intervalle perturbe localement la valeur du champ et influence le processus de claquage. Pour ces conditions le streamer peut se limiter à une décharge de type couronne. L'effet de stabilisation du champ par le nuage d'ions due à cette décharge couronne autour de la pointe exige des tensions de claquage nettement supérieures à celles obtenues par le critère des streamers. Pour des configurations induisant des champs fortement inhomogènes cette valeur calculée correspond plutôt à la valeur d'amorçage de la couronne U_s et non pas la valeur de claquage. Un modèle théorique a été proposé par Nitta et Shibuya [31] pour le calcul de la tension de la décharge couronne en présence dans champ fortement divergent et qui est basé sur le critère des Streamers

$$\int_0^{x_c}(\alpha-\eta)dx=K.$$

$$V_{seuil}=\left(\frac{E}{P}\right)_{lim} \cdot u \cdot p \cdot d\left(1+\frac{C}{\sqrt{P \cdot r_p}}\right) \qquad \text{III-1}$$

$(E/p)_{lim}$ est le champ critique en kV/cm.bar, P est la pression (en bar) et u est le facteur d'utilisation du champ; $u=\dfrac{E_{moyen}}{E_{maximum}}$

Pour le cas d'une configuration pointe-plan la valeur de u est donnée par l'expression [32]:

$$u=r_p \cdot \frac{\ln(1+2d/r_p)}{2d} \qquad \text{III-2}$$

r_p est le rayon de la pointe.

La constante C est donnée par l'équation suivante:

$$C=\sqrt{\frac{4K}{\beta \cdot (E/p)_{lim}}} \qquad \text{III-3}$$

Avec K correspondant au critère des streamers et la constante β vient d'une approximation du coefficient d'ionisation effectif $\overline{\alpha}$ du SF_6:

$$\overline{\alpha}=\beta \cdot [(E/p)-(E/p)_{lim}] \qquad \text{III-4}$$

III-3. Facteurs influençant la tenue diélectrique du SF_6

Le comportement du SF_6 est tributaire des phénomènes tendant à modifier le champ car le coefficient d'ionisation effectif augmente très rapidement en fonction du champ. Parmi les facteurs influents sur la tenue diélectrique, nous examinons l'effet des particules métalliques et la nature des matériaux des électrodes.

- Les particules métalliques

La présence des particules peut réduire de manière notable la tension d'amorçage de l'intervalle. Cette réduction est fonction de leur dimension, de leur matériau, de leur position dans l'intervalle, ainsi que de la nature du gaz et de celle de la tension appliquée. La réduction de la tension d'amorçage due à la présence des particules est plus importante sous tension continue que sous tension alternative [33]. Les phénomènes de charge d'espace en continue et les alternances en alternative provoquent le va et vient des particules entre les électrodes. Toutefois, la probabilité qu'elles atteignent à chaque fois une des électrodes est beaucoup plus réduite en alternative qu'en continue, du fait de la durée relativement courte des alternances. En onde de choc, les particules ont encore moins de temps pour atteindre les électrodes. Sommairement, l'influence des particules conductrices sur la tenue diélectrique des systèmes isolés par le SF_6 s'explique par le fait, qu'en raison justement de leur caractère conducteur, les lignes de champ électrique convergent à leur proximité. L'augmentation conséquente de l'intensité du champ favorise le développement de décharge à leur niveau.

Un des moyens classiques pour s'affranchir des effets des particules est de les entraîner dans une région à champ faible voir nul et de les piéger. Ainsi, dans la plupart des équipements au SF_6, on trouve des pièges à particules permettant de maintenir les particules dans des poches ou elles ont été isolées par le champ.

- **Le matériau des électrodes**

Le matériau des électrodes, particulièrement celui de la cathode, influe sur la décharge à travers l'émission électronique par les ions positifs et par les photons, surtout dans les configurations où la pression et le champ sont élevés. La rugosité de la surface des électrodes, en particulier les protubérances (aspérités), génère des champs locaux nettement supérieurs au champ appliqué. La diminution de la tension d'amorçage dépend de la hauteur de l'aspérité (h) et de la pression (P). En effet, Pederson [21] a fait mention d'une diminution de la tension d'amorçage à partir de Ph > 0.04 bar.cm.

III-4. Décharge dans l'azote (N_2)

Les phénomènes de photo ionisation prennent le pas sur les autres processus dans l'initiation de la décharge dans l'azote. L'auto détachement est particulièrement peu actif puisque l'azote n'est pas électronégatif et la présence des ions négatifs est peu fréquente dans ce milieu. Ces spécificités font que l'initiation et le développement de la décharge dans l'azote diffèrent quelque peu de ceux dans le SF_6 [34]. A partir de la relation générale du premier coefficient, la tension d'amorçage d'un intervalle de gaz (dans les configurations de champ uniforme et pour des pressions peu élevées) est donnée par [35].

$$V_b = \frac{BPd}{\ln(Pd) + k} \qquad \text{III-5}$$

Dans la plage de Pd comprise entre 10 et 140 bar.cm, la valeur de k peut être constante et égale à 3.8636. Dans l'azote pur le coefficient d'ionisation peut être déterminé par l'approximation suivante :

$$\frac{\alpha}{p} = A \exp\left[\frac{-B}{E/p}\right] \qquad \text{III-6}$$

A=66 $kPa^{-1}cm^{-1}$ et B=2.15 kV/kPa.cm [36].

Qualitativement, la photo ionisation est le processus prédominant dans la décharge dans un intervalle de N_2 même à basse pression [37, 38]. Cette prédominance se traduit par une intense activité lumineuse lors de la décharge. Les photons ionisants peuvent êtres émis par des états excités des molécules de N_2 [39] et par les impuretés gazeuses présentes dans l'intervalle. En provoquant l'ionisation des molécules de N_2 (émission des électrons), ces photons sont les principaux agents de propagation du streamer.

III-5. Facteurs influençant la tenue diélectrique de l'azote

A l'instar du SF_6, le comportement de l'azote est assujetti aux facteurs qui modifient le champ ou les phénomènes photoniques dans l'intervalle. Toutefois, la croissance du coefficient primaire d'ionisation en fonction du champ est relativement moins rapide dans l'azote que dans le SF_6. Les effets des facteurs agissant sur le champ sont comparativement moins prononcés dans un intervalle d'azote que dans celui de SF_6. C'est entre autres le cas des particules métalliques fixes et libres. Les matériaux des électrodes, en intervenant dans la décharge par le biais des mécanismes secondaires d'émissions suite aux bombardements ioniques ou photoniques, auront une influence non négligeable à cause du rôle prépondérant de la photo ionisation dans l'azote.

Quant aux impuretés gazeuses, leur impact sera lié à leur comportement vis à vis des phénomènes photoniques. La tenue de l'intervalle sera réduite par les molécules des impuretés si leur énergie d'ionisation et/ou leur énergie d'émission de photons est inférieure à celle de la molécule d'azote (neutre ou excitée).

III-6. Décharge électrique dans le mélange SF_6-N_2

L'association de N_2 et de SF_6 permet d'utiliser au maximum les qualités de chacun des gaz. En effet, le SF_6 est un gaz électronégatif dont les capacités d'attachement sont particulièrement efficaces. L'azote, quant à lui, a de bonnes qualités de ralentissement des électrons énergiques. Ainsi dans le mélange les électrons aptes à ioniser les atomes et à déclencher une avalanche électronique, sont ralentis par les molécules d'azote et arrivent dans des domaines d'énergie où le SF_6 a les capacités d'attachement les plus grandes.

Propriétés du mélange hexafluorure de soufre- Azote (SF$_6$-N$_2$)

Le coefficient d'ionisation effectif pour le mélange SF$_6$-N$_2$ est donné par l'expression suivante :

$$\left(\frac{\overline{\alpha}}{P}\right)_{lim} = z \cdot (\overline{\alpha}/P)_{SF_6} + (1-z) \cdot (\alpha/P)_{N_2} \qquad \text{III-7}$$

Avec z = le taux du SF$_6$ dans le mélange : $z = P(SF_6)/P$.

$$\frac{\overline{\alpha}}{P} = .z\beta[(E/P)-(E/P)_{lim}] + (1-z)A\exp\left(\frac{-B}{(E/P)}\right) \qquad \text{III-8}$$

(E/P)$_{lim}$ diminue avec la diminution de la quantité de SF$_6$ dans le mélange et l'expression précédente prendra la forme suivante :

$$\left(\frac{\overline{\alpha}}{P}\right)_{mél} = .\beta_m[(E/P)-(E/P)'_{lim}] \qquad \text{III-9}$$

Malik et Qureshi [40] ont calculé (E/P)$_{lim}$ pour le mélange SF$_6$-N$_2$ en supposant que l'azote et le SF$_6$ ne réagissent pas avec les électrons de même énergie.

Cependant cette supposition n'est pas rigoureusement correcte. Kline et al. [41] ont utilisé l'expression empirique suivante pour déterminer (E/N)$_{lim}$ et qui semble donner des résultats plutôt satisfaisant.

$$\left(\frac{E}{N}\right)_{lim} = \left(\frac{E}{N}\right)_{SF_6} \cdot (\%SF_6)^{0.18} \qquad \text{III-10}$$

La détermination de la tension seuil de la décharge dans les mélanges prend la même forme que celle décrite par Nitta et Shibuya [31], avec le changement de (E/P)$_{lim}$ et de C$_m$.

$$U_s = \left(\frac{E}{P}\right)'_{lim} \cdot u \cdot P \cdot d \left(1 + \frac{C_m}{\sqrt{P \cdot r_p}}\right) \qquad \text{III-11}$$

La constante C$_m$ est déterminée par la relation suivante:

$$C_m = \sqrt{\frac{4K}{\beta_m * (E/P)_{lim}}} \qquad \text{III-12}$$

K est le coefficient représentant le critère d'apparition des streamers.

III-7. Caractéristiques courant-tension des décharges couronnes dans les mélanges SF_6- N_2

Une attention particulière est donnée pour les mélanges SF_6-N_2 avec des concentrations de 10% et 5% de SF_6 dans le gaz, ces deux mélanges peuvent éventuellement remplacer le SF_6 comme gaz isolant.

Les caractéristiques courant-tension I = f(U) des décharges couronnes des mélanges SF_6-N_2 sont mesurées à des pressions élevées (de 0.2 à 1.5 MPa) pour les polarités négative et positive. Les mesures sont réalisées en appliquant une tension continue ascendante et descendante sur l'électrode active (pointe) et en collectant le courant à partir de l'électrode plane. Cette opération est répétée pour différentes pressions et pour différents mélanges (SF_6-N_2). Les courbes obtenues sont utilisées pour mesurer les tensions seuils d'apparition de la décharge.

III-7-1. Cas d'une pointe anodique.

Sur les figures 13 à 15, sont représentées les courbes du courant de décharge en fonction de la tension d'alimentation et en fonction de la pression relative du gaz pour le SF_6 pure, le mélange SF_6-N_2 avec un taux de 10% de SF_6 et pour l'azote pure. Ces caractéristiques montrent que le courant suit une croissance exponentielle en fonction de l'augmentation de la tension appliquée. On peut voir que l'allure des courbes a la même tendance pour les différents mélanges. Il a été remarqué que le courant mesuré en décharge positive est très instable. La pente des courbes pour des pressions relativement faibles est très raide, ayant pratiquement une allure de droite. Tandis qu'avec l'augmentation de la pression les courbes perdent leurs linéarités, ce qui laisse penser que d'autres paramètres influent sur le comportement de la décharge.

Propriétés du mélange hexafluorure de soufre- Azote (SF$_6$-N$_2$)

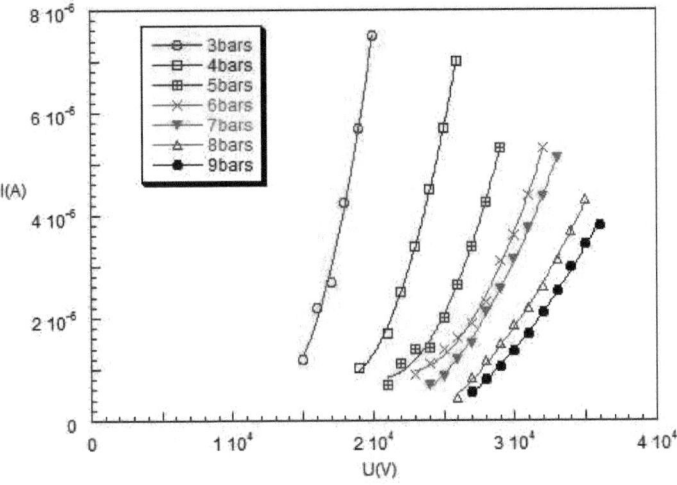

Figure 13. Courbes de courant de décharge en fonction de la tension appliquée I=f(U) pour le SF$_6$ pure en polarité positive et pour un rayon de courbure de la pointe r$_p$ = 50 μm et une distance inter-électrode d = 7,5mm à différentes valeurs de pressions.

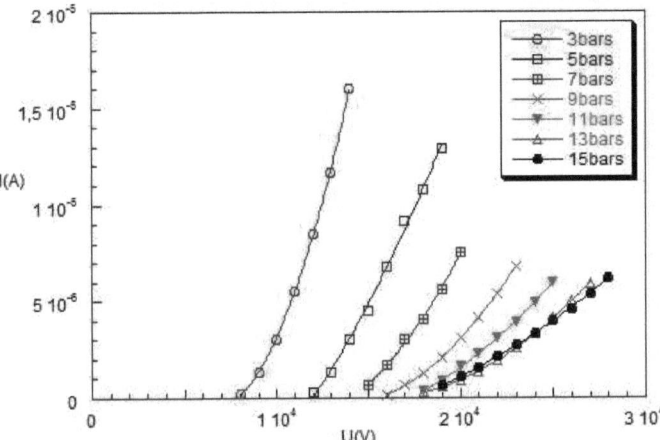

Figure 14. Courbes de courant de décharge en fonction de la tension appliquée I=f(U) pour le mélange SF$_6$-N$_2$ à 10% de SF$_6$ en polarité positive avec r$_p$ = 50 μm et d =7,5 mm à différentes valeurs de pressions.

Propriétés du mélange hexafluorure de soufre- Azote (SF$_6$-N$_2$)

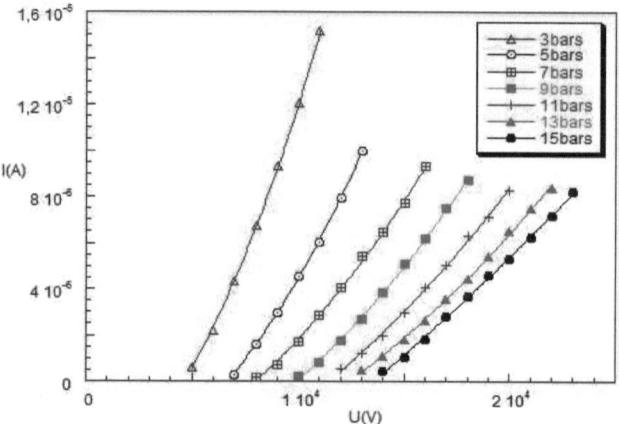

Figure 15. Courbes de courant de décharge en fonction de la tension appliquée I=f(U) pour l'azote(N$_2$) en polarité positive avec r$_p$ = 50 µm et d = 7.5mm à différentes valeurs de pressions.

III-7-2. Cas d'une pointe cathodique

Les courbes des courants-tensions pour le SF$_6$ pure, le mélange SF$_6$-N$_2$ avec un taux de 10% et pour l'azote pur sont montrées sur les figures 16 à 18 respectivement. On peut constater le même comportement avec le cas des pointes anodiques malgré que les tensions seuils sont relativement inférieures et que le courant de la décharge est relativement stable.

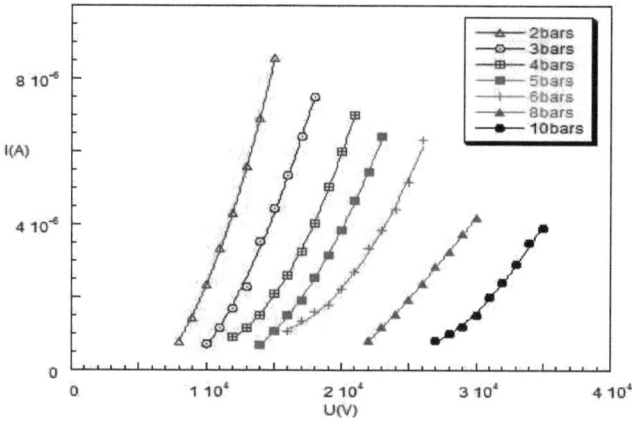

Figure 16. Courbes de courant de décharge en fonction de la tension appliquée I=f(U) pour le SF$_6$ pure en polarité négative avec r$_p$ = 50 µm et d = 7,5mm à différentes valeurs de pressions.

Propriétés du mélange hexafluorure de soufre- Azote (SF$_6$-N$_2$)

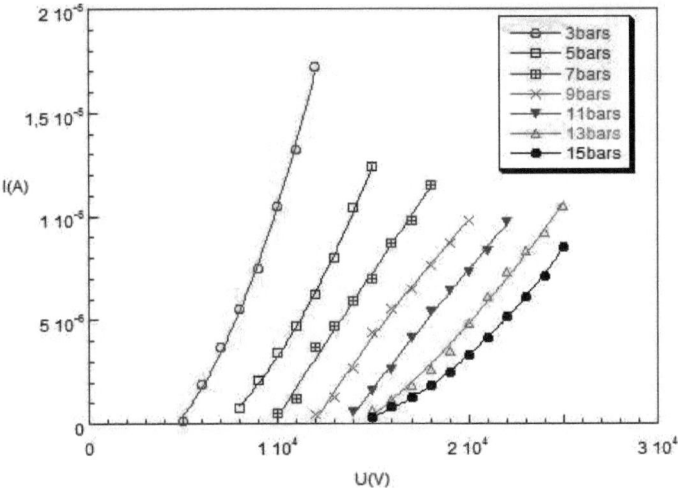

Figure 17. Courbes de courant de décharge en fonction de la tension appliquée I=f(U) pour le mélange SF$_6$-N$_2$ à 10% de SF$_6$ avec r$_p$ = 50 μm et d = 7,5mm à différentes valeurs de pressions.

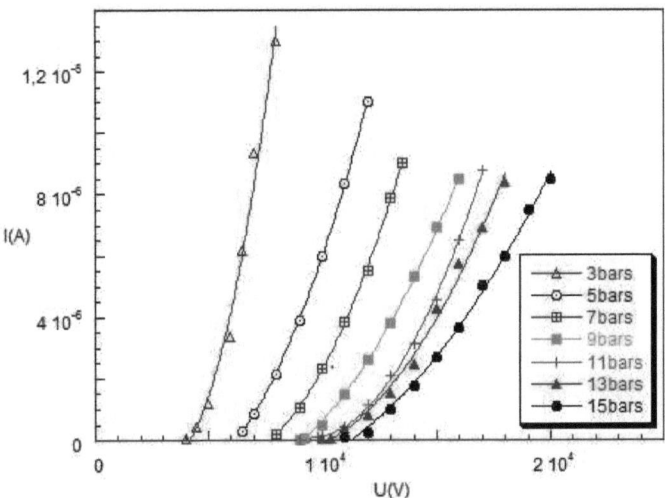

Figure 18. Courbes de courant de décharge en fonction de la tension appliquée I=f(U) pour l'azote (N$_2$) en polarité négative avec r$_p$ = 50 μm et d = 7.5mm à différentes valeurs de pressions.

III-8. Mesure des tensions seuils (U_s)

La détermination des tensions seuils a été effectuée en utilisant le graphe $\frac{Im}{U}$ en fonction de U (la tension appliquée). Comme on peut le voir sur la figure 19, les courbes représentant $\frac{Im}{U}$ = f'(U) pour le mélange SF_6-N_2 à 10% de SF_6 en polarité positive sont des droites ce qui conduit à une bonne évaluation des tensions seuils (U_s). Cette constatation est aussi vraie pour les autres mélanges.

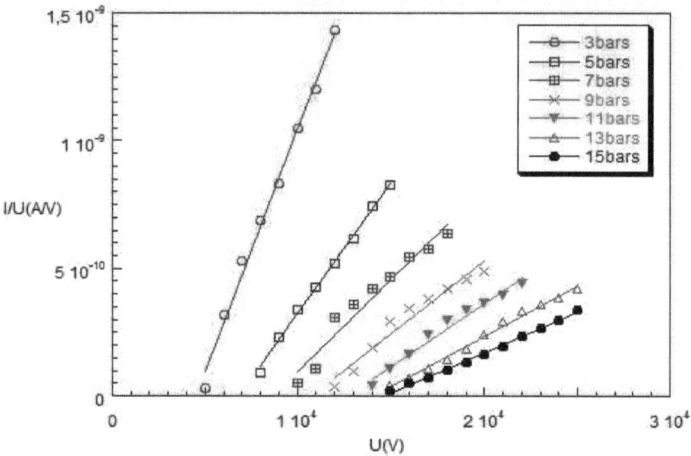

Figure19. Courbes I/U = f(U) pour le mélange SF_6-N_2 à 10% de SF_6 en polarité positive avec r_p = 50 µm et une distance inter-électrode d = 7,5mm à différentes valeurs de pressions.

Sur les figures 20, à 23, sont tracées les caractéristiques des tensions seuils pour les deux polarités en fonction de la pression pour l'azote (N_2), les mélanges SF_6-N_2 à 5%, 10% de SF_6 et finalement pour le SF_6. Les valeurs déterminées perdent leur linéarité avec l'augmentation de la pression surtout pour les mélanges, ce qui présage que d'autres phénomènes provoquent un changement du comportement du gaz. Il est intéressant de voir que l'écart entre les tensions seuils de la pointe positive et celles de la pointe négative croit avec l'accroissement du taux de SF_6 dans le mélange. On peut dire que l'effet de la polarité est plus important pour les mélanges à concentration de SF_6 élevées. A titre d'exemple pour l'azote pur on constate que les tensions seuils des deux polarités sont très proche, jusqu'à 8 bars, au delà de cette limite les tensions commencent à s'écarter.

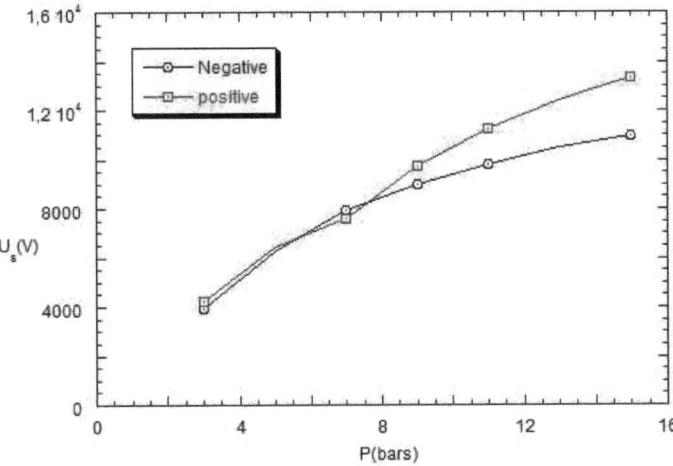

Figure 20. Tensions seuils d'apparition de la décharge dans l'azote pur pour les deux polarités.

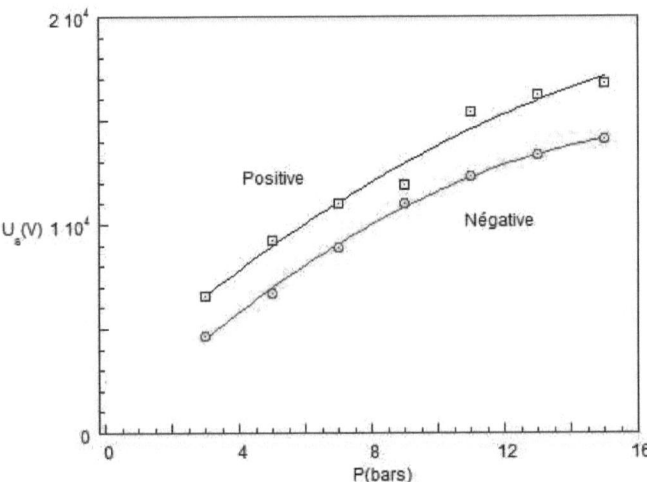

Figure 21. Tensions seuils d'apparition de la décharge dans le mélange SF_6-N_2 avec 5% de SF_6 pour les deux polarités.

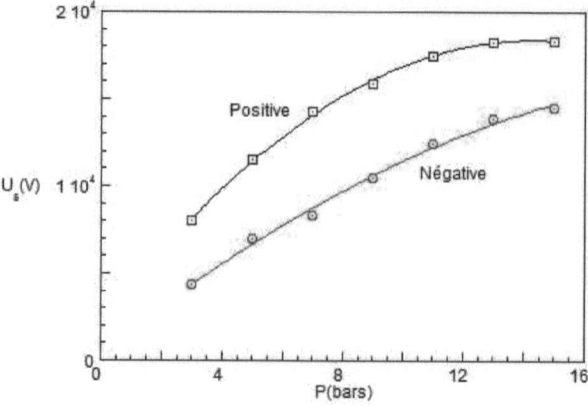

Figure 22. Tensions seuils d'apparition de la décharge dans le mélange SF_6-N_2 avec 10% de SF_6 pour les deux polarités.

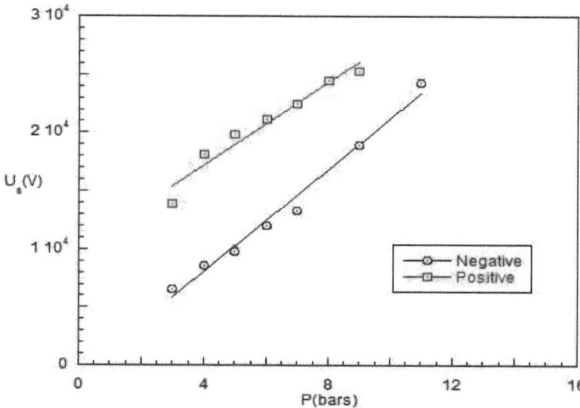

Figure 23. Tensions seuils d'apparition de la décharge dans le SF_6 pur pour les deux polarités.

III-9. Evolution des tensions seuils en fonction de la pression

Les tensions seuils en fonction de la variation de la pression pour des mélanges SF_6-N_2 avec différents taux de SF_6 sont montrées sur la figure 24, pour la polarité négative. Hormis le SF_6 qui présente une courbe plus au moins rectiligne tous les autres mélanges ont leurs courbes présentant une tendance vers la saturation pour les pressions élevées.

L'écart entre les tensions seuils des différents mélanges est relativement réduit pour les faibles pressions et tend à s'accroître avec l'augmentation de densité du gaz. Les écarts entre les mélanges à 5%, 10% et 15% SF$_6$ sont très réduits et peuvent être confondus.

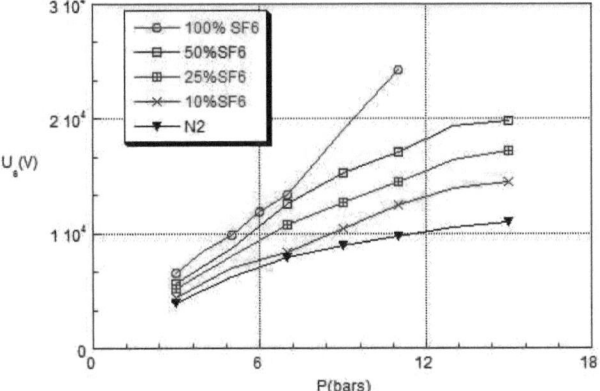

Figure 24. Les tensions seuils en fonction de la variation de la pression pour des mélanges SF$_6$-N$_2$ avec différents taux de SF$_6$ en polarité négative.

Concernant la polarité positive représentée sur la figure 25, l'évolution des courbes suit pratiquement la même tendance qu'en polarité négative, par contre les écarts entres les différents mélanges sont beaucoup plus importants.

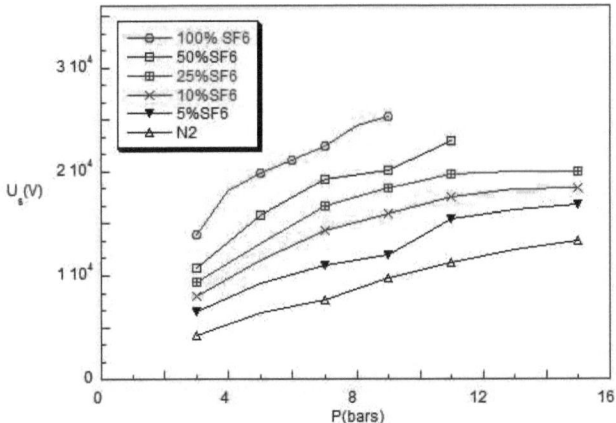

Figure 25. Les tensions seuils en fonction de la variation de la pression pour des mélanges SF$_6$-N$_2$ avec différents taux de SF$_6$ pour la polarité positive.

Une comparaison entre les valeurs de U_s déterminées directement en mesurant les tensions provoquant l'apparition des premiers courants détectés par l'électromètre et les tensions seuils déterminées en utilisant les graphes de I_m/U en fonction de U, représentés sur les figures 26 et 27, pour le cas d'un mélange SF_6-N_2 à 5% de SF_6, montre que ces valeurs sont très proche, que ce soit en polarité positive ou négative. Cette tendance est valable pour les différents taux de SF_6 dans le mélange.

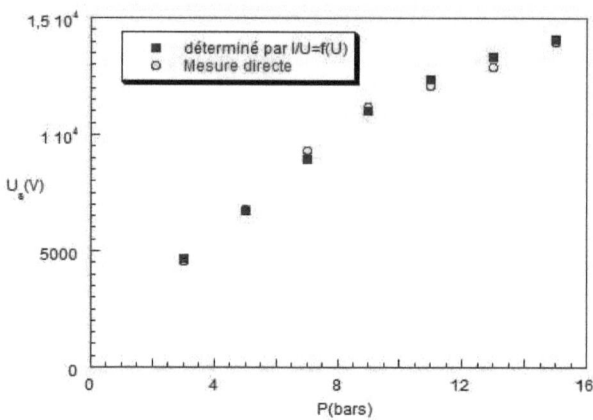

Figure 26. Tensions seuils pour le cas d'un mélange SF_6-N_2 à 5% de SF_6, polarité négative en fonction de la pression.

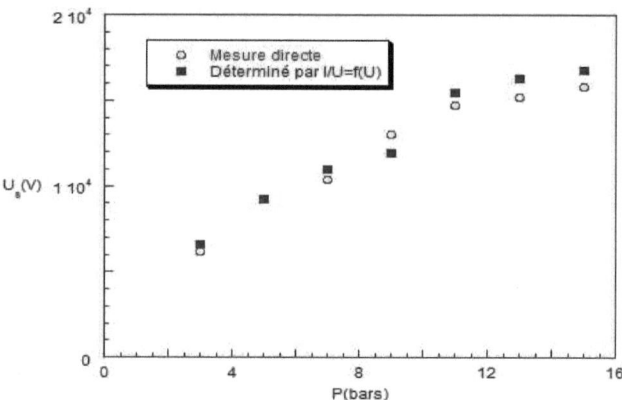

Figure 27. Tensions seuils pour le cas d'un mélange SF_6-N_2 à 5% de SF_6, polarité positive en fonction de la pression.

Les caractéristiques courant-tension I=f(U) des décharges couronnes des mélanges SF_6-N_2, montrent que le courant suit une loi exponentielle. L'allure des courbes a la même tendance pour les différents mélanges ainsi que pour les deux polarités. Le courant mesuré en décharge positive est très instable. La pente des courbes pour des pressions relativement faibles est très raide, ayant pratiquement une allure de droite. Tandis qu'avec l'augmentation de la pression les courbes tendent vers la saturation. L'effet de la polarité a été clairement établi, l'écart entre les tensions seuils de la pointe positive et celles de la pointe négative croit avec l'accroissement du taux de SF_6 dans le mélange.

III-10. Evolution des Tensions seuils en fonction de la concentration du SF_6 dans le mélange

Sur les figures 28 et 29, sont représentées les courbes des tensions seuils de la décharge couronne en fonction du taux du SF_6 dans le mélange pour la polarité négative et positive respectivement. La tendance générale de ces courbes est presque la même pour les deux polarités. Les tensions seuils des décharges couronnes augmentent avec l'augmentation du taux de SF_6 dans le mélange. Ceci est en accord avec des travaux antérieurs [42-43]. Cette augmentation est due à la diminution du coefficient d'ionisation effectif $\overline{\alpha}$.

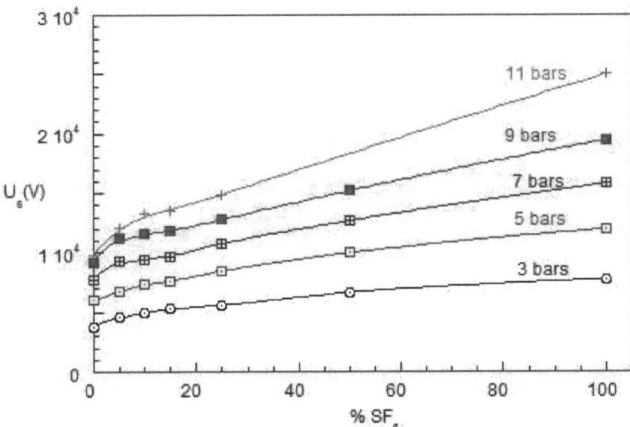

Figure 28. Courbes des tensions seuils de la décharge couronne en fonction du taux du SF_6 dans le mélange SF_6-N_2 pour la polarité négative à différentes valeurs de pressions.

Propriétés du mélange hexafluorure de soufre- Azote (SF$_6$-N$_2$)

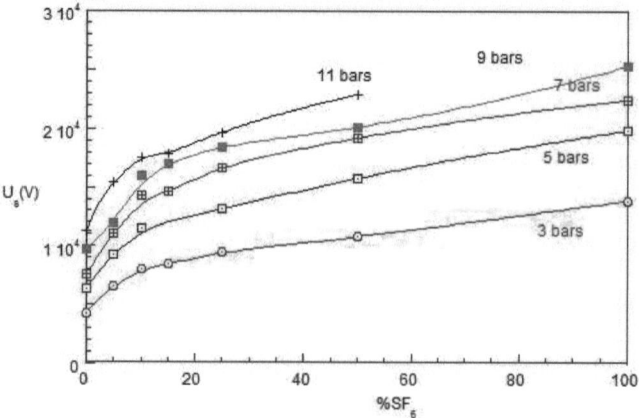

Figures 29. Courbes des tensions seuils de la décharge couronne en fonction du taux du SF$_6$ dans le mélange SF$_6$-N$_2$ pour la polarité positive à différentes valeurs de pressions.

Les processus d'ionisation impliqués dans les décharges couronnes et qui provoquent une diminution des tensions seuils sont [44]:
- Ionisation d'un additif X par un impact avec un électron.

$$e + X \rightarrow X^+ + 2e$$

- Photo ionisation.

$$h\lambda + X \rightarrow X^+ + e$$

- Ionisation dans des collisions avec les molécules de SF$_6$* excitées.

$$SF_6^* + X \rightarrow SF_6 + X^+ + e$$

L'augmentation des tensions seuils pour les faibles taux de SF$_6$ est plus prononcée en polarité positive que celles en polarité négative. A partir d'un taux de 15%, les courbes deviennent des droites avec une augmentation moins prononcée pour les deux polarités

Il est remarquable de voir que les tensions seuils de la décharge couronnes sont très proches pour les faibles concentrations de SF$_6$ dans les mélanges SF$_6$-N$_2$. Ceci est un atout majeur pour une éventuelle utilisation de ce type de mélange pour l'isolation des équipements électriques (GIS). La saturation des tensions seuils des mélanges SF$_6$-N$_2$ en fonction de la pression et du taux de SF$_6$ a été observée dans plusieurs travaux [45], et elle a été attribuée à l'état de surface des électrodes (érosion, dépôt, etc.....) qui peuvent mettre en jeu des électrons libres et augmenter ainsi le coefficient d'ionisation. La saturation constatée peut être provoquée par la concentration des charges d'espace, qui sont plus actives à haute pression [46-47].

En utilisant les courbes des figures 28 et 29, on a pu déterminer les pressions de fonctionnement des mélanges afin d'avoir des caractéristiques comparables à celles du SF_6 pure. Sur la figure 30, on a tracé les courbes des pressions en fonction du taux de SF_6 dans les mélanges SF_6-N_2 pour la polarité positive. Pour avoir la même rigidité diélectrique que le SF_6 un mélange de 5% de SF_6 doit avoir une pression de fonctionnement qui avoisine les 10 bars, tandis que pour un mélange de 10% de SF_6 la pression doit être proche de 9 bars. Si on considère à présent la polarité négative (figure 31), pour le mélange à 5% de SF_6 a besoin d'une pression égale à 10.5 bars pour avoir la même rigidité que le SF_6 pure. Tandis que pour un mélange de 10% La pression doit monter jusqu'à 9.5 bars pour égaler le SF_6 pur.

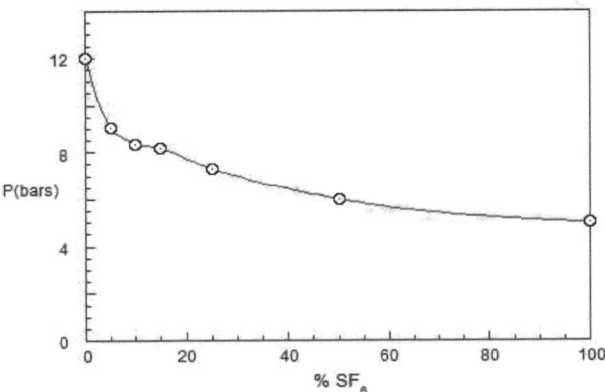

Figure 30. Variation de la pression en fonction du taux de SF_6 dans les mélanges SF_6-N_2 pour la polarité positive.

Propriétés du mélange hexafluorure de soufre- Azote (SF$_6$-N$_2$)

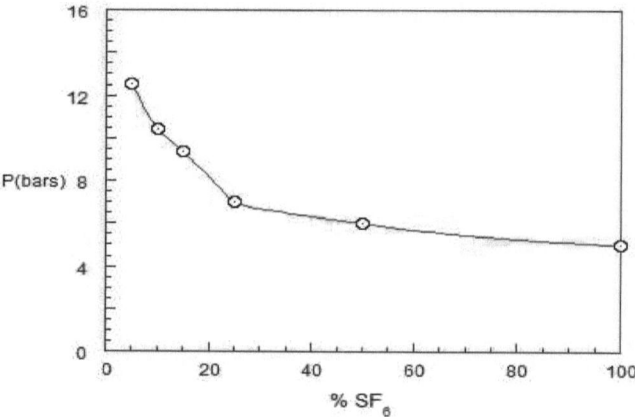

Figure 31; Variation de la pression en fonction du taux de SF$_6$ dans les mélanges SF$_6$-N$_2$ pour la polarité positive pour une valeur constante de la tension seuil.

III-11. Effet de la décharge couronne sur l'état des électrodes

Partant du fait qu'au cours d'une décharge couronne dans le SF$_6$ les paramètres géométriques des électrodes changent, il est important d'avoir une idée sur cette évolution qui influe sur la rigidité diélectrique du gaz. Dans le présent travail, des électrodes pointes à faible rayon de courbure en acier inoxydable ont été soumises à une décharge couronne dans le SF$_6$ pendant une durée de 8 heures et à une pression de 0.4 MPa. L'analyse de ces pointes par microscopie électronique à balayage a permis de mettre en évidence deux mécanismes, l'érosion et le dépôt d'une couche recouvrant le bout de la pointe. Cette étude est faite pour expliquer les fluctuations du courant mesuré et la non reproductibilité des mesures. Les variations du courant en fonction du temps sont enregistrées pour les polarités positive et négative. Le caractère temporel instable de la décharge couronne dans le SF$_6$ a été constaté par la plupart des chercheurs dans ce domaine [48-49]. Dans certaines circonstances, cette instabilité peut aboutir à la détérioration totale ou partielle de la tenue diélectrique du gaz. Les résultats d'analyse au microscope électronique des pointes exposées a montré des transformations morphologiques importantes de l'état des pointes pour les deux polarités.

III-11-1. Cas de la pointe en décharge positive

Pour avoir une bonne appréciation des changements morphologiques infligés à la surface d'une pointe en acier, nous avons tout d'abord analysé une pointe en acier inoxydable vierge (non exposée à une décharge). Cette dernière présente une extrémité bien arrondie et sans cratères et il n y a presque pas de trace de fluor et de soufre comme on peut le voir sur le spectre de la figure 32.

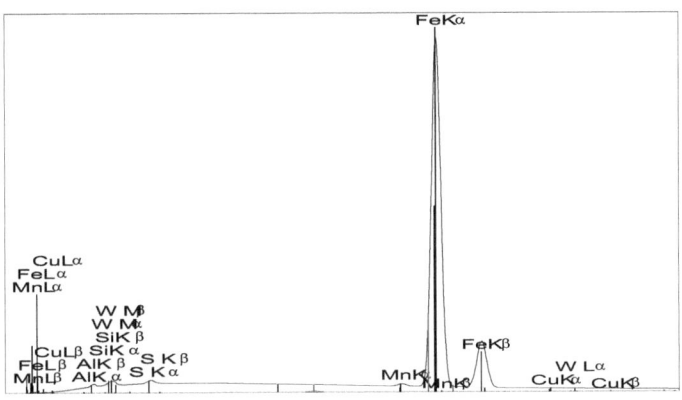

Figure 32. Analyse par microscopie électronique d'une pointe en acier inoxydable vierge.

Pour le cas d'une pointe anodique de faible rayon de courbure ($r_p = 3$ µm), la transformation de l'état de surface est très importante comme on peut le voir sur la figure 33. La pointe érodée est recouverte d'une couche assez épaisse. L'érosion de la pointe est attribuée aux bombardements d'une part, par des ions négatifs lourds tels que SF_6^- et SF_5^- et d'autre part par l'action des molécules neutres entraînées par le champ électrique. L'érosion pourrait se faire aussi par attaque chimique due à des produits de décomposition du SF_6 extrêmement corrosifs comme le HF. La couche recouvrant la pointe électrode présente une surface très poreuse qui peut engendrer des micro-décharges. L'analyse quantitative a montré que cette couche est formée de Fluor et de Soufre, la présence du fluor peut rendre cette couche isolante, ceci est en concordance avec les travaux de [48-49], malgré que ces auteurs n'aient pas détecté les traces de soufre. La quantité de fluor déposée sur la pointe est nettement supérieure à celle du soufre [50].

III-11-2. Cas de la pointe en décharge négative

L'analyse morphologique au microscope a montré la formation d'une couche recouvrant toute la région active de la pointe comme on peut le voir sur la figure 34. Cette couche est moins importante qu'en polarité positive. La présence des composés fluorés est en concordance avec les travaux [48-49] et la présence du soufre est très faible. La présence de ces produits peut modifier le comportement de la décharge couronne. Ce recouvrement est accompagné d'une faible érosion de la pointe. En polarité négative, les ions positifs qui se dirigent vers la cathode et qui sont capables de l'éroder mécaniquement, seraient neutralisés par des électrons émis par la pointe et perdraient ainsi rapidement leur énergie cinétique en raison de la pression élevée du gaz qui rend les libres parcours moyens faibles.

Propriétés du mélange hexafluorure de soufre- Azote (SF$_6$-N$_2$)

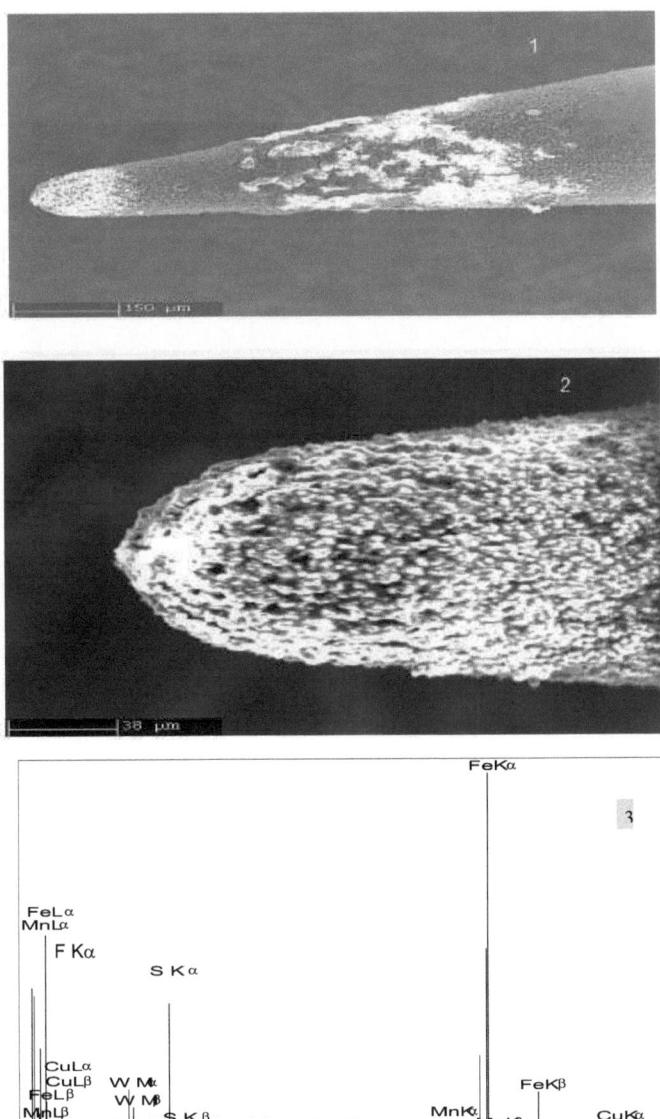

Figure 33. Analyse de l'état d'une pointe anode exposée à une décharge couronne dans le SF$_6$ pendant 8 heures par un MEB. **1**- 3x100, **2** - 5x250 et **3**- spectre.

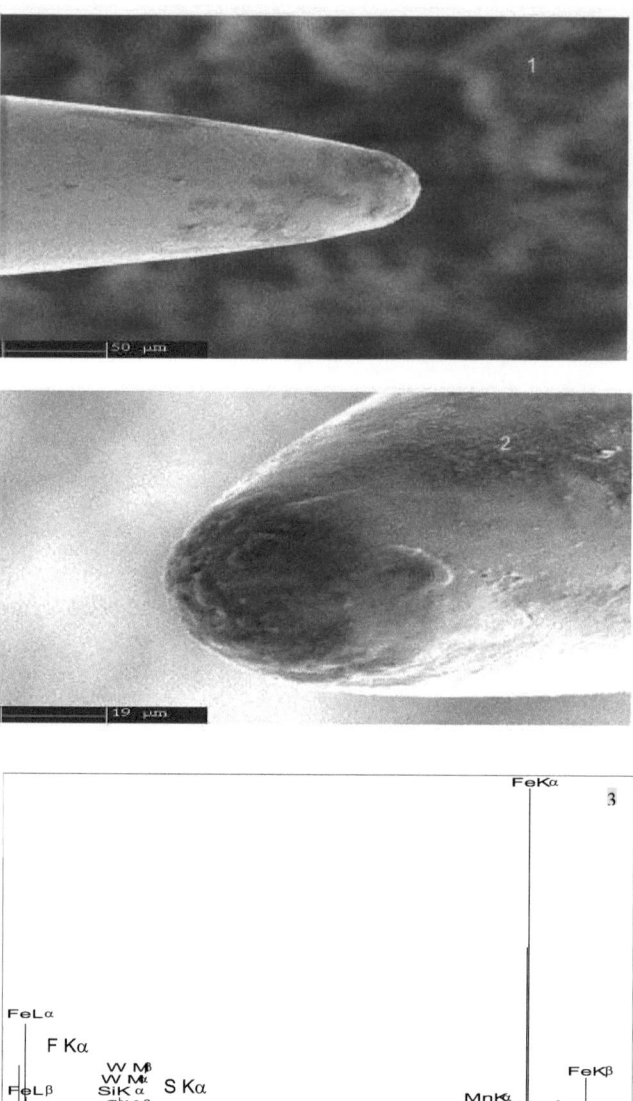

Figure 34. Analyse de l'état d'une pointe cathode exposée à une décharge couronne dans le SF$_6$ pendant 8 heures par un MEB. **1** - 3x300, **2** - 5x800. et **3**-spectre.

III-11-3. Evolution temporelle du courant

L'évolution temporelle du courant d'une décharge couronne dans le SF_6 a été abordée pour les polarités positive et négative et le résultat de ces mesures montre un effet de polarité très clair.

La figure 35, présente la caractéristique du courant moyen en fonction du temps d'exposition de la pointe dans une décharge couronne anodique. On peut remarquer que le courant moyen tend à diminuer avec le temps. Cette diminution est accompagnée par une grande fluctuation qui rend difficile la mesure de ce courant moyen. La diminution du courant pourrait s'expliquer par une consommation des électrons par des impuretés telles que l'O_2 et H_2O, initialement présentes dans le gaz ou désorbées par les électrodes et par les parois de l'enceinte. Ces impuretés sont d'importants pourvoyeurs d'électrons germes. Durant la décharge, la formation des produits de dégradations SOF_4, SO_2F_2, SOF_2 et SO_2 entraîne une consommation d'oxygène ce qui réduit la densité des ions O_2^- et par conséquent, entraîner la diminution observée du courant moyen de la décharge couronne dans le SF_6.

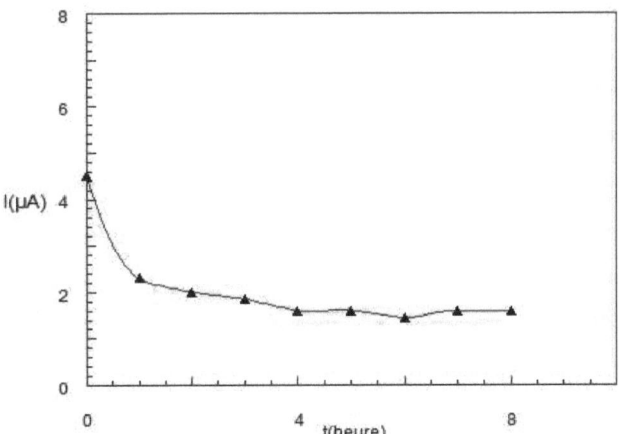

Figure 35. Evolution temporelle du courant moyen en fonction du temps d'exposition à une décharge en polarité positive ($r_p=0.3\mu m$ et 0.4MPa).

Sur la figure 36, est présentée la variation temporelle du courant moyen en pointe cathodique. Au début de la décharge le courant augmente rapidement puis tend à revenir a son état initial après 8 heures d'exposition. On a constaté que la fluctuation du courant est moins prononcée que celle d'une décharge positive. L'augmentation du courant peut être expliquée par l'influence prédominante du champ d'accumulation des charges d'espace sur les couches de surfaces de la pointe, des micro-décharges et de l'augmentation de la mobilité des porteurs de charges dans la zone de dérive [48, 49].

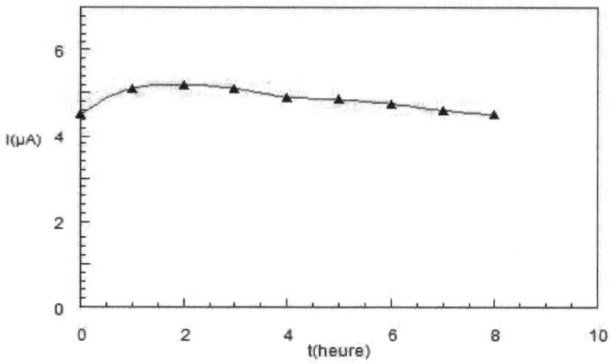

Figure 36. Evolution temporelle du courant moyen en fonction du temps d'exposition à une décharge en polarité négative ($r_p=0.3\mu m$ et 0.4MPa).

III-12. Conclusion

Les caractéristiques courant-tension (I = f(U)) montrent que le courant augmente exponentiellement et ont la même tendance pour les différents mélanges SF_6-N_2. Ces courbes sont linéaires pour des pressions faibles. Tandis qu'avec l'augmentation de la pression les courbes perdent leurs linéarités. La pente des courbes pour des pressions relativement faibles est très prononcée. Il a été remarqué que le courant mesuré en décharge positive est très instable.

L'effet de polarité est très significatif surtout pour les mélanges à taux élevée de SF_6. En effet les valeurs des tensions de la décharge couronne obtenues pour la polarité positive sont supérieures à celles de la polarité négative.

L'analyse au microscope électronique à montré la formation d'une couche recouvrant le bout de la pointe et présente une surface très poreuse qui peut engendrer des micro-décharges. La quantité de fluor déposée est plus importante que celle du soufre. La présence du fluor rend cette couche isolante. Cette couche est moins importante en polarité négative. Le phénomène de pulvérisation de la pointe par des ions négatifs incidents en pointe positive, dans le cas du SF_6, pourrait être vraisemblablement du aux fortes énergies nécessaires pour le détachement des ions négatifs. L'augmentation du courant en pointe cathodique peut être expliquée par l'influence prédominante du champ d'accumulation des charges sur les couches de surfaces de la pointe, des micro-décharges et de l'augmentation de la mobilité des porteurs de charges dans la zone de dérive.

Chapitre IV
IV. Transport des porteurs de charges

La connaissance de la vitesse de dérive et la mobilité des différentes espèces ioniques dans les gaz est d'une importance pratique et théorique considérable pour le physicien en lui donnant les informations sur les ions et les gaz, et pour l'électrotechnicien à cause du rapport qui existe entre le mouvement des ions dans les gaz et les phénomènes de décharges électriques qui s'y passent. La détermination de la mobilité permet le calcul des coefficients de recombinaison des ions-ions, donne les informations sur le potentiel d'interaction ions-molécules et sur le taux de dispersion des ions dans le gaz dû aux forces de répulsions mutuelles [51]. Lorsque les ions sont exposés à un champ électrique E, ils gagnent de l'énergie entre les collisions et ils la perdent dans les collisions. Si on prend eE la force électrique exercée sur l'ion et $\frac{eE}{m}$ son accélération, la vitesse acquise entre les collisions est donc $\frac{eEt}{m}$ où t est le temps nécessaire pour l'ion de parcourir le libre parcours moyen (λ) et il est proportionnel à 1/P, donc l'énergie est proportionnelle à $\left(\frac{E}{P}\right)^2$.

Pour la condition standard de température et de pression, la mobilité est de quelque cm^2/Vsec. Souvent les ions positifs et négatifs des espèces donnés ont les mêmes valeurs de mobilité.

IV-1. Théorie classique de la mobilité

En 1903 Langevin [52] a publié sa première théorie sur la mobilité ionique basée sur l'énergie cinétique des gaz. Il a considéré les ions et les molécules comme des sphères solides et élastiques et seules les forces répulsives à l'instant de l'impact ont été prises en considération. Pour un rapport de $\left(\frac{E}{P}\right)$ faible, l'énergie du champ est négligeable par rapport à l'énergie thermique. Langevin a obtenu l'équation suivante pour la mobilité (μ):

Propriétés du mélange hexafluorure de soufre- Azote (SF$_6$-N$_2$)

$$\mu = \frac{e\lambda}{m\overline{v}} \qquad \text{(IV-1)}$$

λ est le libre parcours moyen.

$\overline{v}$ est la vitesse thermique moyenne.

e est la charge électrique de l'ion.

En prenant en considération les forces d'attraction, Langevin a formulé l'expression suivante pour le calcul de la mobilité ionique d'un gaz:

$$\mu = \frac{A(\lambda)}{\sqrt{\rho(\varepsilon-1)}}\sqrt{(1+M/m)} \qquad \text{IV-2}$$

ρ est la masse volumique du gaz.

A est une grandeur dépendante de λ et dont la variation est donnée par [53].

ε est la constante diélectrique du gaz.

m est la masse ionique.

M est la masse de la molécule.

Pour des valeurs relativement large de A (A=0.75), l'expression (IV-2) prend la forme suivante:

$$\mu_e = \frac{0.75e}{D_{12}^2\sqrt{2\pi p\rho}}\sqrt{(1+M/m)} \qquad \text{IV-3}$$

P est la pression en atmosphère.

D_{12} est la somme des rayons des molécules et d'ions.

Pour des valeurs de λ approchant zéro les forces de polarisation prédominent et pour A = 0.5105, l'expression (IV-2) devient:

$$\mu_p = \frac{0.5105}{\sqrt{\rho(\varepsilon-1)}}\sqrt{(1+M/m)} \qquad \text{IV-4}$$

Dans l'expression (IV-4) l'absence de la charge ionique, malgré que la force exercée sur l'ion à cause du champ E soit directement proportionnelle à la charge **(e)** s'explique par le fait que la perte de la quantité de mouvement est aussi proportionnelle à **(e)** et par conséquent **(e)** est simplifiée. L'indépendance à la variation de la température s'explique de la même manière, c'est à dire avec l'augmentation de la température la vitesse thermique des ions augmente et la perte de la quantité de mouvement diminue suffisamment pour éliminer l'effet de la température. L'équation de Langevin dans la limite de polarisation apparaît comme l'équation la plus appropriée pour la détermination de la mobilité ionique.

En utilisant l'approche quantique la théorie de Langevin évoluée prend la forme suivante:

$$\mu = \frac{35.9}{p\sqrt{(\alpha/a_0^3)M}} \sqrt{\frac{m+M}{m}} \qquad \text{IV-5}$$

Où α_p est la polarisabilité (en unité atomique).

a_0 est le rayon de Bohr.

IV-2. Détermination de la mobilité par la méthode directe dite de temps de vol

L'estimation directe de la mobilité ionique consiste à mesurer le temps de transit des ions.

$$k = \frac{d^2}{vt} \qquad \text{IV-6}$$

v est la différence de potentiel entre deux électrodes en parallèle.

t est le temps de transit des ions.

d est la distance inter-électrodes.

La conductivité naturelle du diélectrique est très faible et irrégulière et par conséquent pour mesurer la mobilité la densité des charges doit être augmentée ceci peut se faire par une excitation externe transitoire.

Les principales méthodes d'excitation utilisées sont les suivantes:
- Faisceau des rayons X qui peut créer des charges positives et négatives [53]
- Flash ultraviolet (UV) pour injection des électrons sur une photocathode. Ce procédé est facile mais ne peut mesurer que les porteurs de charges négatifs [54]
- Faisceau d'électrons de quelques KeV d'énergie où la densité des électrons est réglable.

Pour avoir une comparaison juste entres ces travaux, on a introduit le terme de mobilités réduites (μ_0) qui sont des valeurs mesurées pour une pression standard et une température standard et qui peuvent être déterminées par l'expression suivante :

$$\mu_0 = \frac{p}{760} \frac{273.16}{T} \mu \qquad \text{IV-7}$$

Où p est la pression du gaz exprimée en Torr et T est la température du gaz exprimée en degré Kelvin.

IV-2-1. Mobilités des ions négatifs

La seule analyse de masse des porteurs de charges dans le SF_6 a été réalisée par Patterson [54]. Les mobilités les plus rapide sont attribuées aux ions SF_5^- ceux-ci ont été observés par Fleming et Rees [55] et mesurés par L. Patterson [54]. Les deux autres porteurs de charges trouvés par [55] ainsi que par Naidu et Prasad [56] correspondent aux ions SF_6^- et le premier cluster $SF_6^-(SF_6)$. La mobilité déterminée par Urquimo-Carmona [57] est attribuée au cluster $SF_6^-(SF_6)$ pour des valeurs de E/N pouvant atteindre la valeur critique de $3.6 \ 10^{-19}$ Vm^2. Il faut savoir que la valeur de (E/N)$_{lim}$ correspond à la condition critique de claquage où le coefficient d'ionisation et le coefficient d'attachement sont égaux ($\alpha = \eta$). Les mobilités trouvées par Crichton et Lee [58] sont proches de celles du SF_6^-. Les travaux d'Aschwanden [59] ont montré que pour des valeurs de E/N proche de (E/N)$_{lim}$ les mobilités des ions SF_6^- sont relativement élevées.

IV-2-2. Mobilités des ions positifs

Les mobilités des différentes espèces ont un maximum pour un champ égal au champ critique (E/N)$_{lim}$. Au-dessous de cette valeur seulement deux résultats sont publiés, ceux de Fleming et al [55] et ceux d'Aschwanden [59]. Les mobilités trouvées sont proches de celles de l'ion SF_5^- ce qui laisse penser qu'il s'agit probablement de l'ion SF_5^+ dont la structure est inconnue. Cette attribution est

Propriétés du mélange hexafluorure de soufre- Azote (SF$_6$-N$_2$)

consolidée par le fait qu'initialement l'ion SF_6^+ est formé avant de se dissocier rapidement en SF_5^+. Au-dessus de (E/N)$_{lim}$, les résultats d'Aschwanden sont en parfaite concordance avec ceux de Urquijo-Carmona et de Teich et Sangi [60]. Par contre pour des valeurs très élevées de E/N des écarts importants sont observés. On suppose que les fortes mobilités mesurées précédemment sont dues essentiellement à la dissociation de SF_6^+ et les faibles mobilités peuvent être le résultat d'une dissociation d'un cluster positif. Jungblut et al [61] ont réalisé une expérimentation sans système d'identification d'espèces ni de polarité et ils sont arrivés à une conclusion dans laquelle ils admettent que les mobilités des ions positives et des ions négatifs sont presque égales pour un certain intervalle de E/N et pour une pression inférieure à 1 bar (Pas de formation de clusters).

Sur le tableau 6, K. P. Brand et H. Jungblut [62] ont présenté un résumé sur la majorité des travaux concernant les différentes techniques de mesure de la mobilité utilisant la méthode directe. Il faut noter que les mobilités mentionnées correspondent aux mobilités réduites pour un champ très faible ou nul μ_{00}.

Création des porteurs de charges	Agent ionisant ou particule injectée	Variable mesurée	Polarité des ions	Type des ions	μ_{00} 10^{-15} m^2/Vs	Intervalle de E/N utilisé (10^{-19}V.m^2)	Pression (torr)
PEME pulsé (~1 ns) lampe Hg [63]	Photoélectrons	Temps de transit	négative	SF_6^- (SF_6)	4.5	0.07-0.74	0.88
Source des rayons α [53]	Particules α	Temps de transit	négative	SF_6^-	5.7	0.08	35
PEME PULV [64]	Photoélectrons	Temps de transit	négative	SF_6^-	5.7		0.34-0.69
Emission thermoïonique [55]	électrons	Temps de transit	négative	SF_5^+ ;SF_5^+	5.9 5.6	0.1-2.4	
Source α [55]	Particules α	Temps de transit	négative positive	SF_6^- SF_6^-	5.4 4.7	0.1-2.4	

Propriétés du mélange hexafluorure de soufre- Azote (SF$_6$-N$_2$)

				(SF$_6$)			
PEME pulsation de lumière répétée basse pression H-lampe arc [56]	Photoélectrons	Temps de transit	négative	SF$_6^-$ SF$_6^-$ (SF$_6$)	5.6 4.7	0.3-2.4	1-10
Décharge pulsative répétée (~100cps) [54]	Electrons UV	Temps de transit	négative	SF$_5^+$;SF$_6^-$ SF$_6^-$ (SF$_6$) SF$_6^-$ (SF$_6$)$_2$	5.94 5.42 4.7 4.20	0.0361.4	0.464
Emission thermoïonique [65]	Photoélectrons	Ion cyclotron résonance	négative	SF$_6^-$	5.42	0.3-4.5	7.10^{-4}-0.5
PEME-PUVL (10.15ns) [59]	Photoélectrons	Temps de transit	Positive négative			3.6-36 3.8-8	0.2-400
Emission du champ de la pointe cathode [58]	Electrons	Temps de transit	négative			1.9-3.5	122-3000
Pulsation (≤ 2.5 ns) accélérateur [61]	Brems-strahlung	Temps de transit	indéfinie			0.3-3.7	50-500
PEME pulsation (~17ns) Laser [57]	Photoélectrons	Temps de transit	négative positive			0.08-6 1.9-60	0.07-193
PEME-PUVL(~10 ns) Laser (~ 3 ns) [59]	Photoélectrons	Temps de transit	negative positive			3.7-6 3.7-5.5	1-50

PEME: photo-effect at metal electrode   PUVL: pulsed UV flash Lamp

Tableau 6. Mobilités ioniques dans le SF$_6$, mesurées par les méthodes directes [62].

IV-3. Détermination des mobilités par les méthodes indirectes

Nous nous intéressons exclusivement au cas d'une géométrie pointe-plan. Les modèles les plus appropriés sont celui de Coelho et Debeau [66] et le modèle de Sigmond [67]. Ces modèles décrivent et analysent les caractéristiques courant-tension afin d'en déduire les mobilités des porteurs de charges.

IV-3-1. Modèle de Coelho et Debeau

La configuration pointe-plan peut être remplacée par une géométrie hyperboloïde-plan sans pour autant influer sur les calculs. Cette configuration est utilisée afin de produire des champs électriques intenses au voisinage de la pointe sans que cela provoque la rupture du diélectrique. La géométrie de cette configuration est présentée sur la figure 37.

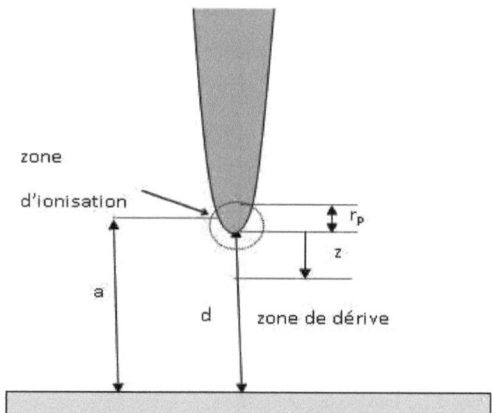

Figure 37. Géométrie d'une configuration hyperboloïde-plan.

En configuration pointe-plan la variation du courant moyen en fonction de la tension dépend de la mobilité des porteurs de charges. Le courant est limité par la charge d'espace.

Le champ en tout point d'espace est la somme du champ harmonique E_a et le champ du à la charge d'espace E_c.

$$E = E_a + E_c$$

La distribution du champ électrique qui est gouverné par la charge d'espace est donnée par l'expression suivante:

$$E(z) = \left(1 - \left(\frac{z}{a}\right)^2\right)^{-1} \sqrt{\left(\frac{E_p r_p}{a}\right)^2 + \frac{4I}{a\mu}\left(2 - \frac{3z}{a} + \frac{z^3}{a^3}\right)} \qquad \text{IV-8}$$

r_p est le rayon de la pointe. Introduisant dans la formule IV-31, l'expression (V-Vo):

$$E(z) = \frac{2V_0}{a \ln\left(\frac{4a}{r_p}\right)} * \frac{1}{\left[1 - \left(\frac{z}{a}\right)^2\right]} \sqrt{1 + \left(\frac{V - V_0}{2V_0}\right)^2 * \frac{\ln\frac{4a}{r_p}}{1.17}\left(2 - \frac{3z}{a} + \frac{z^3}{a^3}\right)} \qquad \text{IV-9}$$

Le premier terme de l'expression IV-9 représente la valeur du champ électrique sans charge d'espace (champ Laplacian):

$$E(z) = \frac{2V_0}{a \ln\left(\frac{4a}{r_p}\right)} * \frac{1}{\left[1 - \left(\frac{z}{a}\right)^2\right]} \qquad \text{IV-10}$$

La valeur du champ électrique E_p proche de la pointe est:

$$E_p = \frac{2V}{r_p \ln\frac{4a}{r_p}} \qquad \text{IV-11}$$

Sur la figure 38, sont représentées les distributions du champ électrique avec et sans charges d'espace pour une configuration hyperboloïde-plan.

Pour simplifier les calculs Coelho et Debeau [66] ont considéré une distribution rectangulaire de la densité du courant sur l'électrode plane (anode), en estimant que l'erreur avec la distribution de Warburg [68] est négligeable.

Propriétés du mélange hexafluorure de soufre- Azote (SF$_6$-N$_2$)

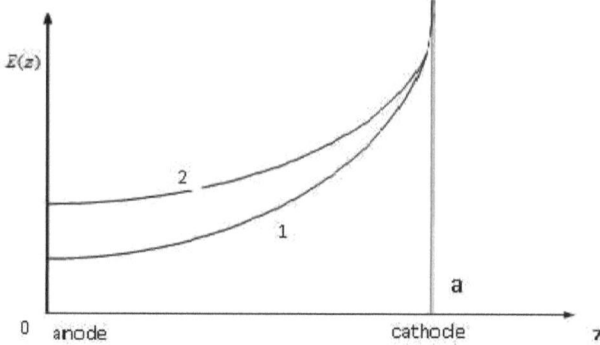

Figure 38. 1- Distribution du champ électrique pour une conduction sans charge d'espace: 2- Distribution du champ électrique pour une conduction avec charge d'espace.

A partir de cette analyse ils obtiennent une relation donnant la variation du courant limité par la charge d'espace en fonction de la tension. Si le champ sur la pointe est nul l'équation du courant prend la forme suivante:

$$I_s = 4.02\, \varepsilon_0\, \mu \frac{V^2}{a} \qquad \text{IV-12}$$

Par contre si le champ à la pointe est différent de zéro l'expression devient :

$$\sqrt{I_s} = 2.01 \sqrt{\frac{\varepsilon_0 \mu}{a}} (V - V_0) \qquad \text{IV-13}$$

Il en résulte qu'à partir de la pente des courbes $\sqrt{I}=f(U)$ on peut déterminer la mobilité des porteurs de charges. Il faut noter que dans nos conditions $r_p \ll d$ et donc $d = a$.

IV-3-2. Modèle de Coelho corrigé

Utilisant la même analyse de Coelho et prenant en considération la distribution de Warburg de la densité du courant sur l'électrode plane (anode), comme on peut le voir sur la figure 39

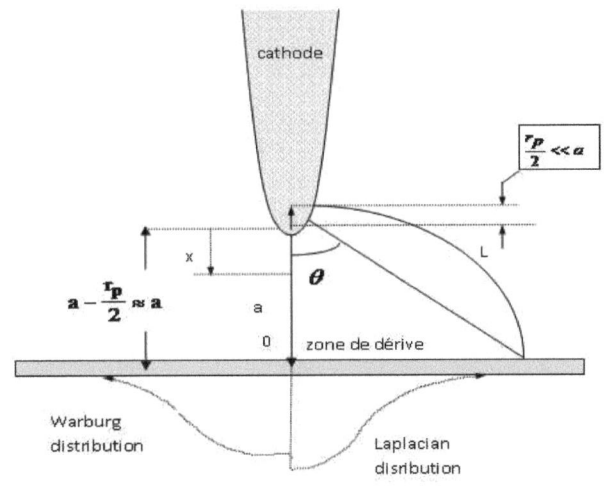

Figure 39. Distribution de la densité de courant J proposé par Warburg[68].

Warburg a formulé la distribution de la densité du courant j(θ) sur un plan dans une configuration pointe-plan sous forme de l'équation suivante:

$$j(\theta) = j(0)\cos^m \theta \qquad \text{IV-14}$$

m = 4.82 pour le cas d'une décharge couronne positive, m = 4.65 pour le cas d'une décharge couronne négative et $\theta \leq 60^0$

Cette estimation de la distribution de la densité de courant, a donné des résultats satisfaisants pour des domaines étendus des courants de décharges couronne.

Pour m =5

$$j(\theta) = j(0)\cos^5 \theta \qquad \text{IV-15}$$

Le courant total collecté à l'électrode plane est:

$$I = 2\pi \int_0^\infty x\, dx\, j(\theta) \qquad \text{IV-16}$$

La relation entre x et θ est obtenue par:

$$x = a\, tg\theta \qquad dx = \frac{a\, d\theta}{\cos^2 \theta}$$

Replaçant z et dz dans l'équation précédente on aura l'expression suivante pour le courant:

$$I_s = 2\pi \int_0^{\pi/2} a\,tg\theta\, j_0 \cos^5\theta \frac{ad\theta}{\cos^2\theta} \qquad \text{IV-17}$$

En réarrangeant on obtient :

$$I_s = 2\pi a^2 j_0 \int_0^{\pi/2} \sin\theta \cos^2\theta\, d\theta$$

$$I_s = 2\pi a^2 j_0 \int_0^1 x^2 dx$$

$$I_s = \frac{2}{3}\pi a^2 j_0 \qquad \text{IV-18}$$

Enfin le critère de Coelho corrigé prend la forme suivante:

$$I_s = \frac{\pi}{0.78}\varepsilon_0 \mu \frac{V^2}{d} * \frac{2}{3} \qquad \text{IV-19}$$

Cette expression est différente de celle de Coelho et Debeau par un facteur de 2/3.

IV-3-2. Modèle de Sigmond

R. Sigmond [67] a établi un model basé sur la formule de la saturation de la densité des charges le long de la line de champ L, comme on peut le voir sur la figure 39. Il obtient l'expression de la densité du courant limitée par la charge d'espace. La valeur du courant total est déduite à partir de l'intégration de $J(\theta)$ sur le plan entier. Ce modèle est basé sur la formule de la densité de charge unipolaire de dérive le long d'une ligne de champ.

$$\frac{1}{\rho(t)} - \frac{1}{\rho(t_0)} = \frac{\mu}{\varepsilon_0}(t - t_0) \qquad \text{IV-20}$$

En parcourant une ligne de champ avec la densité de charge en un point correspondant à t_0 on peut connaître alors la densité de charges à n'importe quel point distant de: $l = v(t-t_0)$.

Pour une densité ionique initiale ρ_0 suffisamment grande l'équation précédente devient:

$$\rho_0(t) = \frac{\varepsilon_0}{\mu t}$$

et sur l'électrode passive la densité des charges est:

$$\rho_p = \frac{\varepsilon_0}{\mu T}$$

T est le temps de transit de la charge d'espace sur une ligne de champ L reliant la pointe au plan. $L = d\sqrt{1+\tan^2\theta}$. Où θ est l'angle que fait L par rapport à l'axe pointe-plan. En prenant l'expression du champ électrique $E = \frac{U}{L}$, le temps de transit $T = \frac{L}{\mu E} = \frac{L^2}{\mu U}$ Ainsi, $\rho_{plan} = \rho(T) = \varepsilon_0 \frac{E}{L}$; $J_{plan} = \mu E \rho_{plan} = \mu \varepsilon \frac{E}{L}$

On a donc: $J_{plan} = \mu \varepsilon \frac{U^2}{L^3}$

La densité du courant limité par la charge d'espace:

$$J(\theta) = \mu E r_p = \mu \varepsilon_0 \frac{U^2}{L^3} \approx \frac{\mu \varepsilon_0 U^2}{d^3}(1+\tan^2\theta)^{3/2} \qquad \text{IV-21}$$

La valeur du courant total est déduit en faisant l'intégration de la densité du courant sur tout le plan J(θ). Pour cela il est indispensable de connaître la répartition du courant sur ce plan que Sigmond admet être identique à celle décrite empiriquement par Warburg pour des valeurs de $\theta = 0^0$ à $\theta = 60^0$, l'expression du courant limité par la charge d'espace et appelé courant de saturation et il est donné par la relation suivante:

$$I_s = 2\mu\varepsilon_0 \frac{V^2}{d} \qquad \text{IV-22}$$

Les trois modèles diffèrent par des coefficients qui sont 4.02, (4.02*2/3) et 2 respectivement pour Coelho, Coelho corrigée et Sigmond.

IV-4. Mobilité ionique dans les mélanges gazeux

La loi de blanc [51], pour la détermination de la mobilité des mélanges est donnée par la relation suivante:

$$\frac{1}{\mu_{mixture}} = \frac{x_1}{\mu_1} + \frac{x_2}{\mu_2} \qquad \text{IV-23}$$

Ou μ_1 et μ_2 sont les mobilités des ions dans les gaz purs et x_1 et x_2 sont respectivement les fractions molaires du gaz 1 et 2 dans le mélange.

$$x_1 = \frac{N_1}{N_1 + N_2} \quad x_2 = \frac{N_2}{N_1 + N_2} = 1 - x_1$$

L'équation suivante est par conséquent obtenue pour le mélange gazeux SF_6-N_2:

$$\mu_{(mélange)} = \frac{1}{\frac{x_{SF_6}}{\mu_{SF_6}} + \frac{x_{N_2}}{\mu_{N_2}}} = \frac{\mu_{SF_6}}{\left[1 - \%N_2\left(1 - \sqrt{\frac{\alpha_{N_2} \tilde{M}_{N_2}}{\alpha_{SF_6} \tilde{M}_{SF_6}}}\right)\right]} \qquad \text{IV-24}$$

$\alpha_{SF_6} = 43,5$; $\alpha_{N_2} = 11,8$ Sont, respectivement les polarisabilités du SF_6 [54] et N_2 [56]

$$\tilde{M}_{SF_6} = \frac{M_{SF_6}^- * M_{SF_6}}{M_{SF_6}^- + M_{SF_6}} \quad \text{et} \quad \tilde{M}_{N_2} = \frac{M_{SF_6}^- * M_{N_2}}{M_{SF_6}^- + M_{N_2}}$$

% N_2 est la fraction molaire de N_2 dans le mélange.

IV-5. Détermination des mobilités des porteurs de charges

IV-5-1. Caractéristiques I=f(U) et $\sqrt{I}$=f(U) des décharges couronnes

La méthode de mesure des mobilités des porteurs de charges préconisé dans ce travail est la méthode indirecte en utilisant les caractéristiques courant-tension I= f(U) de la décharge couronne, comme indiqué au chapitre III. Les courbes I = f(U) ont été obtenues en augmentant puis en diminuant progressivement la tension appliquée pour mettre en évidence l'effet d'hystérésis. Pour tous les mélanges et pour toutes les pressions considérées, aucune impulsion de courant n'a été observée et ceci est vrai pour les deux polarités. Sur les figures 40, 41 et 42 sont représentées les courbes de la racine carrée de courant en fonction de la tension pour différentes pressions relatives. Les courbes $\sqrt{I}$=f(U), sont des droites de pentes raides pour l'azote pur et devient moins raide pour les mélanges. La détermination de ces pentes permet de calculer les mobilités des porteurs de charges de la décharge couronne en configuration pointe-plan.

Propriétés du mélange hexafluorure de soufre- Azote (SF$_6$-N$_2$)

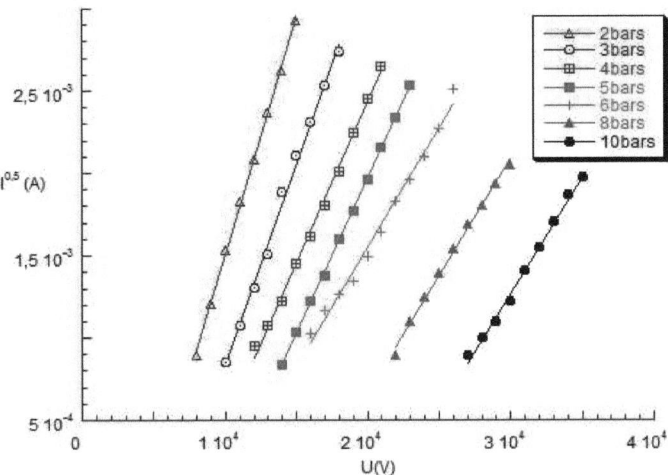

Figure 40; Courbes $\sqrt{I}$ =f(U) de SF$_6$ pour différentes pressions en polarité négative.

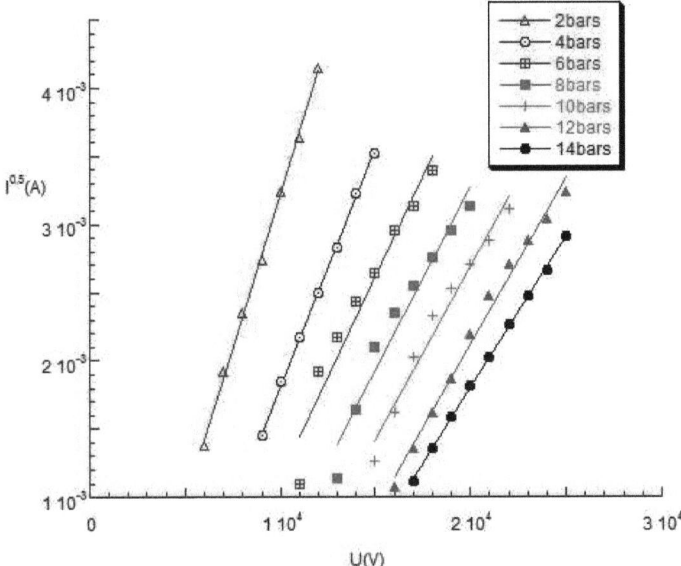

Figure 41. Courbes de $\sqrt{I}$ =f(U) pour le mélange SF$_6$-N$_2$ avec 10% de SF$_6$ en polarité négative et à différentes pressions.

Propriétés du mélange hexafluorure de soufre- Azote (SF$_6$-N$_2$)

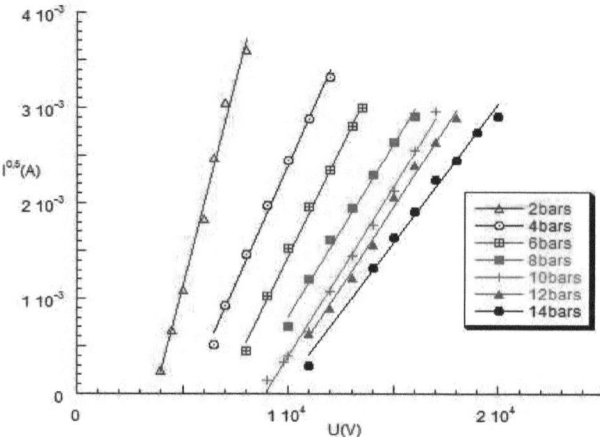

Figure 42. Courbes de $\sqrt{I}$ =f(U) pour le N$_2$ en polarité négative et à différentes pressions.

IV-5-2. Mesures des mobilités des porteurs de charges pour le SF$_6$ pur

Les valeurs des mobilités de porteurs de charges en géométrie pointe-plan déterminées par les différents modèles utilisant la méthode indirecte (mesure du courant unipolaire de la décharge en fonction de la tension appliquée I=f(U)) sont illustrées sur la figure 43. On voit clairement que les résultats obtenus grâce au modèle de Sigmond [67] sont très proches des valeurs calculées théoriquement par Langevin [52]. Les valeurs obtenues par le modèle de Coelho [66] sont très au-dessous des valeurs théoriques, par contre les résultats donnés par le modèle de Coelho corrigé sont supérieurs d'un coefficient de 2/3, mais restent inférieures à ceux de Sigmond et Langevin. Par conséquent le modèle de Sigmond est utilisé dans le présent travail pour calculer les mobilités des porteurs de charges. Ce modèle a été utilisé par [69] pour déterminer les mobilités dans l'azote et a donné des résultats satisfaisants.

Comme on peut le voir sur la figure 44, les résultants des mobilités déterminées par le modèle de Sigmond suivent la même tendance que celles trouvées par Schmidt et-al [70] pour des pressions élevées. La variation de la mobilité µ dans ce domaine de pression est inversement proportionnelle à la densité du gaz (N^{-1}). Il est clair que l'ion SF$_6^-$ est prédominant mais à pressions élevées les clusters peuvent aussi se former. La présence des clusters peut expliquer l'écart entre nos résultats et ceux de Schmidt avec les résultats théoriques obtenus en utilisant la théorie de Langevin [52].

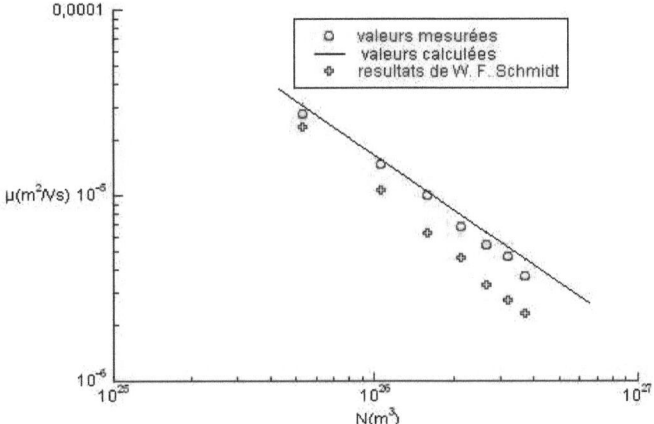

Figure 43. Mobilités des porteurs de charges déterminées par les différents modèles et celles déterminées par le modèle théorique de Langevin pour le SF_6.

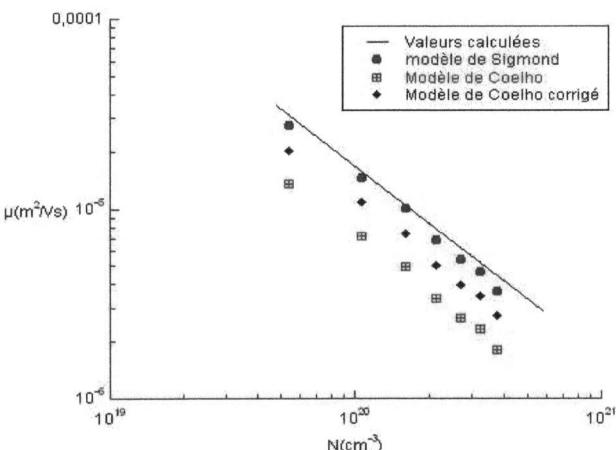

Figure 44. Comparaison de mobilités mesurées dans le SF_6 pur en polarité négative avec celles trouvées par Schmidt et-al [70] et calculées en utilisant la théorie de Langevin.

IV-5-3. Mobilités des porteurs de charges pour les mélanges SF_6-N_2

Sur la figure 45, sont données les mobilités du mélange SF_6-N_2 avec différents taux de concentrations du SF_6 dans le gaz. Les mobilités augmentent avec la diminution du pourcentage du SF_6 dans le gaz.

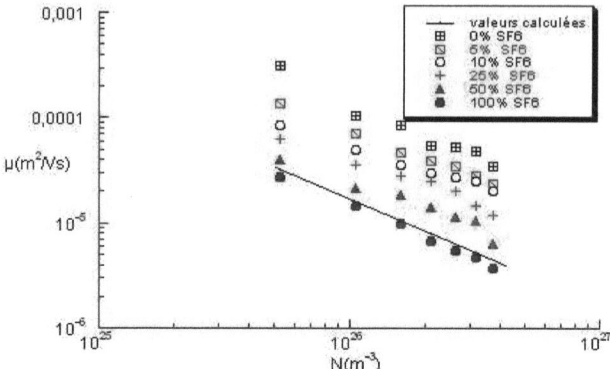

Figure 45. Variation des mobilités en fonction de la densité pour différents pourcentages du SF_6 dans le mélange SF_6-N_2.

Les courbes $1/\mu = f(x_{N2})$ ($X_{N2} = \%N_2$, pourcentage de N_2 dans le mélange SF_6-N_2) représentées sur la figure 46, sont linéaires et donnent une indication sur la mobilité de l'ion SF_6 dans l'azote N_2.

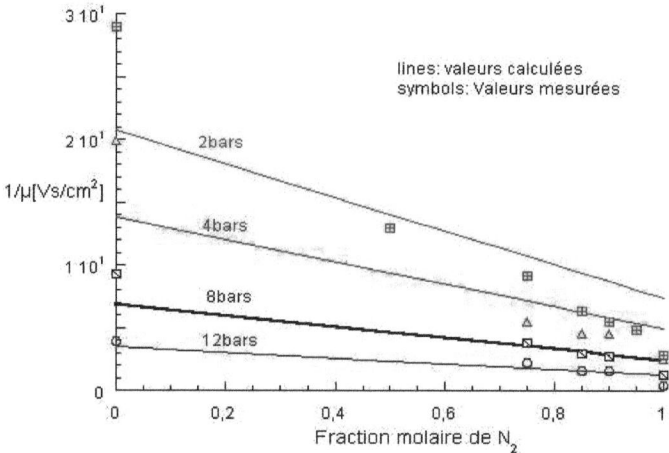

Figure 46. Mobilités ioniques en fonction de la fraction molaire de N_2 dans le mélange SF_6-N_2.

Propriétés du mélange hexafluorure de soufre- Azote (SF$_6$-N$_2$)

Sur la figure 47 et 48 sont représentées les courbes des mobilités déterminées par la méthode indirecte et celles calculées en utilisant la formule de Blanc pour une pression de 2 bars et 10 bars en fonction de la fraction molaire de l'azote.

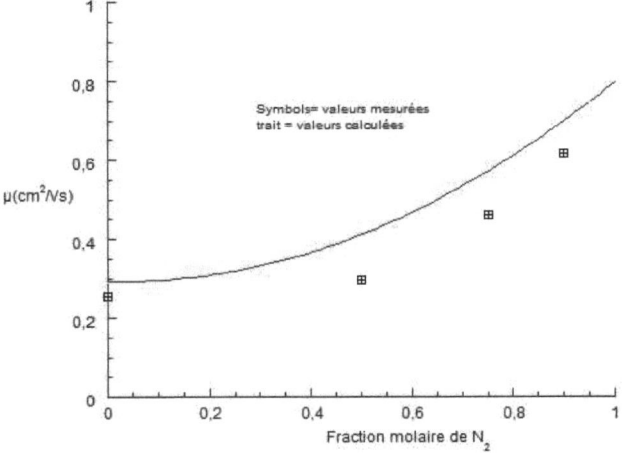

Figure 47. Mobilités ioniques en fonction de la fraction molaire de N$_2$ dans le mélange SF$_6$-N$_2$ pour une pression de 2 bars.

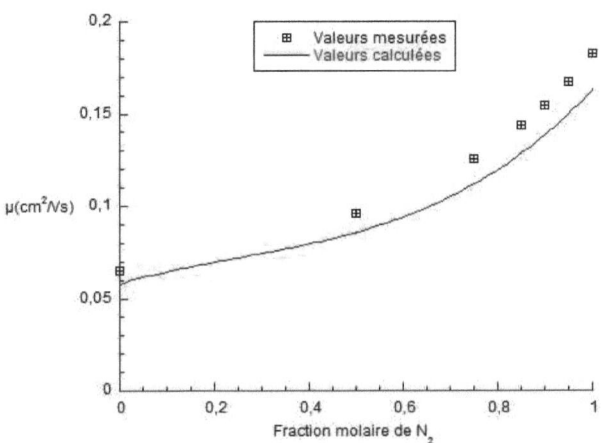

Figure 48. Mobilités ioniques en fonction de la fraction molaire de N$_2$ dans le mélange SF$_6$-N$_2$ pour une pression de 10 bars.

IV-6. Analyse des résultats sur les mobilités de porteurs de charges

Les caractéristiques courant-tension des décharges électriques ont été prédites théoriquement par la relation de Townsend et a donné satisfaction pour certains gaz. De cette relation classique, il a été théoriquement possible d'extraire les mobilités des espèces d'ions dominants. Les mobilités déterminées ainsi, sont nettement supérieures à celles obtenues par les méthodes directes. Les améliorations introduites par Sigmond [69] sur la théorie classique basée sur les courbes courant-tension de la décharge surtout en pointe-plan ont donné des résultats concordants avec ceux trouvés par Schmidt et-al [70] et les résultats obtenus en utilisant la théorie de Langevin [52].

Il est admis que l'ion SF_6^- est prédominant mais à pressions élevées la formation des ions plus lourds comme les clusters sont très probables ce qui explique la différence observée entre la courbe théorique de Langevin et celle mesurée.

Dans les mélanges gazeux SF_6-N_2, les mobilités augmentent avec modération en fonction du pourcentage du SF_6 dans le gaz jusqu'à une certaine limite du taux de SF_6 au delà duquel on assiste à une très forte augmentent des mobilités. On pense que ce phénomène est directement lié au changement de la nature des porteurs de charges, les ions O_2^- qui sont nettement plus légers, prennent le dessus sur les ions SF_6^-.

La comparaison des mobilités mesurées et celles calculées en utilisant al relation de Blanc montre que les valeurs calculées sont inferieures pour les faible pressions et supérieures pour les pressions élevées.

Chapitre V
V. Analyse de la lumière d'une décharge couronne

L'analyse spectrale de la lumière lors d'une décharge couronne permet de donner les informations concernant le degré d'ionisation dans la zone ou le champ électrique est très élevé, la réactivité chimique et offre la possibilité de la détermination des températures rotationnelle et vibrationnelle de la décharge.

V-1. Spectroscopie moléculaire

L'objet de la spectroscopie moléculaire est l'étude du rayonnement émis, absorbé ou diffuse par une substance formée de molécules.

Le principe de la conservation de l'énergie exige que l'énergie gagnée ou perdue par le rayonnement se retrouve sous la forme d'énergie gagnée ou perdue par les molécules Il en résulte que l'émission, l'absorption et la diffusion du rayonnement sont associées à des transitions effectuées par les molécules entre deux nivaux d'énergie moléculaire [71].

V-1-1. Energie totale d'une molécule

L'énergie potentielle d'une molécule (E) se caractérise par l'énergie électronique E_e (associé au mouvement des électrons et aussi par la somme des énergies de vibration E_v (oscillations effectuées par les noyaux autour de leur positions d'équilibre) et de rotation E_r (rotation d'ensemble de la molécule), soit :

$$E = E_e + E_v + E_r \qquad \text{V-1}$$

Ces énergies sont données par la relation de Planck : $E = h\upsilon'$

h est la constante de Planck et υ' est la fréquence d'onde.

En spectroscopie, on utilise souvent la notion de nombre d'onde υ, exprimé en cm^{-1} tel que: $\qquad \upsilon = \upsilon'/c$

C est la vitesse de la lumière, de sorte que le nombre d'onde υ est relié à l'énergie par la relation :

$$E = h\upsilon c \qquad \text{V-2}$$

L'énergie totale sera écrite comme suit:

$$\frac{E}{hc} = \frac{E_e}{hc} + \frac{E_v}{hc} + \frac{E_r}{hc} \qquad \text{V-3}$$

Ou sous une autre forme:

$$\upsilon(cm^{-1}) = T_e + G(v) + F(J) \qquad \text{V-4}$$

Te, G(v) et F(J) sont respectivement les termes d'énergie électronique, d'énergie vibrationnelle et d'énergie rotationnelle, v est le nombre quantique de vibration et J est le nombre quantique de rotation.

V-1-2. Energie vibrationnelle (modèle oscillateur)

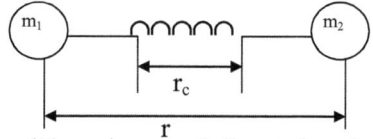

En mécanique classique l'énergie potentielle est donnée par l'expression suivante :

$$E_v = \frac{1}{2} k x^2 = \frac{1}{2} k (r - r_c) \qquad \text{V-5}$$

k est la constante de force est peut être calculer comme suit : $k = 4\pi \mu \upsilon_{osc}^2$

Où υ_{osc} est la fréquence vibrationnelle. En utilisant l'équation d'onde nous obtenant :

$$E_v = h\upsilon_{osc}(v + \frac{1}{2}) \qquad \text{V-6}$$

v est le nombre quantique vibrationnelle.

L'équation d'énergie potentielle vibrationnelle du modèle d'un oscillateur harmonique d'une molécule diatomique sont donnés comme suit :

$$E_v = hc\omega_e(v+\frac{1}{2}) - hc\omega_e x_e (v+\frac{1}{2})^2 + hc\omega_e y_e (v+\frac{1}{2})^3 + \ldots \qquad \text{V-7}$$

Ou ω_e est la fréquence fondamentale de vibration et $\omega_e x_e$, $\omega_e y_e$ sont des constantes pour un état électronique donné qui dépendent de l'anharmonicité des courbes de potentiel.

En terme spectral :

$$G(v) = \frac{E_v}{hc} = \omega_e(v+\frac{1}{2}) - \omega_e x_e(v+\frac{1}{2})^2 + \omega_e y_e(v+\frac{1}{2})^3 + \ldots \quad \text{V-8}$$

V-1-3. Energie Rotationnelle (modèle de Dumbell)

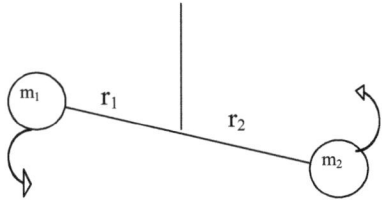

En mécanique classique l'énergie de rotation est :

$$E_r = \frac{1}{2} I \omega^2 \quad \text{V-9}$$

I est le moment d'inertie. $I = m_1 r_1^2 + m_2 r_2^2 = \mu_r r^2$

Où μ_r est la masse réduite :

$$\mu_r = \frac{m_1 m_2}{m_1 + m_2}$$

En utilisant l'équation de Schrödinger en mécanique ondulatoire :

$$E_r = \frac{h^2}{8\pi^2 \mu_r r} J(J+1) = \frac{h^2}{8\pi I} J(J+1) \quad \text{V-10}$$

J est le nombre quantique rotationnel.

En terme spectral l'énergie rotationnelle dans un état vibrationnelle est donnée par la relation suivante :

$$F(J) = \frac{E_r}{hc} = B_v J(J+1) - D_v J^2(J+1)^2 \quad \text{V-11}$$

avec :

$$B_v = B_e - \alpha_e(v+\frac{1}{2}) + \ldots \quad \text{V-12}$$

$$D_v = D_e + \beta_e(v+\frac{1}{2}) + \ldots \quad \text{V-13}$$

B_v est la constante rotationnelle dans un certain état vibrationnel et B_e est la constante rotationnelle d'équilibre. D_v est une constante rotationnelle qui représente l'influence de la force de distorsion centrifuge et D_e est la constante de distorsion centrifuge d'équilibre.

V-2. Méthodes d'évaluation des Températures rotationnelle et vibrationnelle

L'analyse spectroscopique de la lumière émise permet la détermination des températures rotationnelle et vibrationnelle qui sont associées aux différents états énergétiques des molécules. Dans de nombreux cas la température rotationnelle est très proche de la température du gaz, d'où l'importance de la mesure de T_r, par contre la température vibrationnelle (T_v) est directement liée aux états vibrationnels des espèces excitées.

V-2-1. Températures vibrationnelle

L'intensité $I(v',v'')$ des photons d'énergie $\upsilon(v',v'')$ émis par les états excités v' de densité Nv' s'écrit (L'apostrophe (') désigne l'état supérieur et ('') désigne l'état inférieur d'énergie):

$$I(v',v'')=K(v',v'')N(v')\upsilon(v',v'')A(v',v'') \qquad V\text{-}14$$

Où Kv'v" est une constante dépendant des conditions expérimentales (par exemple la réponse du système de détection) et Av'v" est la probabilité d'émission d'Einstein. Si la population des différents niveaux vibrationnels d'un état électronique donné (par exemple le niveau $C^3\Pi u$ de l'azote) se répartit suivant une distribution de Boltzmann, l'intensité d'une bande vibrationnelle correspondant à la transition entre deux états v' et v'', est liée à la température vibrationnelle Tv, par la relation :

$$N(v')=N(0)\exp\left[\frac{-hcG(v')}{K_B T_v}\right] \qquad V\text{-}15$$

où N(v') et N(0) sont des populations des états vibrationnels v' et v'=0, G(v') est l'énergie vibrationnelle du niveau supérieur.

L'intensité relative de la tête de bande dans une série de bandes vibrationnel les est donnée par :

$$\frac{I(v',v'')A(0,v'')}{I(0,v'')A(v',v'')}=\frac{N(v')}{N(0)}=\frac{g(v')}{g(0)}\exp\left[\frac{-hcG(v')}{K_B T_v}\right] \qquad V\text{-}16$$

Les poids statistiques des états vibrationnels (g(v') et g(0)) sont égaux à 1.

La construction du graphique

$$\ln\left(\frac{I(v',v'')A(0,v'')}{I(0,v'')A(v',v'')}\right)$$

en fonction de $G(v')$ permet de déterminer une température vibrationnelle effective T_v à partir de la pente obtenue.

V-2-2. Températures rotationnelle

L'intensité $I(J',J'')$ d'une raie rotationnelle $\upsilon(J',J'')$ entre les états électroniques vibrationnels v' vers v'', avec la probabilité d'émission d'Einstein $A(J',J'')$ est donnée par la relation suivante :

$$I(J',J'')=K(J',J'')N(J')\upsilon(J',J'')A(J',J'') \qquad \text{V-17}$$

avec :

$$A(J',J'')=\frac{64\pi^4\upsilon^3(J',J'')}{3hc3g(v')}p(v',v'')\frac{S(J',J'')}{2J'+1} \qquad \text{V-18}$$

Ou $p(v',v'')$ est la force de raie vibrationnelle, $S(J',J'')$ est le facteur de Honhl-London dont la valeur est fonction du type de branche rotationnelle considérée.

Si la distribution de population $N(J')$ suit une loi de Boltzmann comme c'est souvent le cas, on peut parler donc de température rotationnelle. Pour une distribution de Boltzmann de niveaux J', caractérisant une température rotationnelle T_r, les populations $N(J')$ s'expriment suivant la relation :

$$N(J')=N(v')\frac{(2J'+1)}{Q_r(J')}\exp\left[\frac{-B_vJ(J'+1)hc}{K_BT_r}\right] \qquad \text{V-19}$$

Où $Q_r(J')$ sont la fonction rotationnelle et B_v une constante rotationnelle tabulée dans l'ouvrage de Herzberg [72]. En utilisant les relations (V-16, V-18 et V-19), nous pouvant réécrire l'équation V-17 sous la forme suivante :

$$I(J',J'')=\Gamma\upsilon^4(J',J'')S(J',J'')\exp\left[\frac{-B_vJ(J'+1)hc}{K_BT_r}\right] \qquad \text{V-20}$$

avec :

$$\Gamma=\frac{64\pi^4}{3hC^3g(v')Qr(J')}p(v',v'')N(v') \qquad \text{V-21}$$

Pour déterminer la température rotationnelle, nous pouvons utiliser la relation

V-21, la température Tr est calculée à partir de la valeur de la pente négative $m = \frac{-B_v hc}{K_B T_r}$ de ces droites. Les facteurs S(J',J") sont donnés par [71]. Néanmoins, pour utiliser cette méthode il faut disposer d'un spectre bien résolu et bien calibré qui permet de séparer et d'identifier les composantes rotationnelles de la bande. Dans nos conditions expérimentales, il est impossible d'atteindre cette résolution. Par conséquent, nous avons utilisé pour évaluer Tr et Tv une méthode qui consiste à effectuer une comparaison entre un spectre expérimental et un spectre simulé [72]. Les températures sont ensuite déterminées en minimisant la surface délimitée entre les deux spectres.

Plusieurs travaux ont été consacrés à la détermination de la température de l'azote gazeux soumis à une décharge couronne en utilisant des techniques similaires [73-74]. Dans le SF_6 pure et à cause de sa faible émission de lumière lors d'une décharge couronne, peu de travaux lui ont été consacrés. H. Champain et al [75] ont menu une étude sur le SF_6 avec addition d'une très faible quantité d'azote. La lumière émise par l'azote a été exploitée pour déterminer la température de la décharge.

V-3. Emission de la lumière d'une décharge couronne

Dans nos conditions, une décharge couronne auto-entretenue est observée pour le SF_6 pur et pour les mélanges SF_6-N_2 pour une tension seuil au dessus de U_0 et la zone d'émission de la lumière qui correspond approximativement à la zone d'ionisation se trouve très proche de la pointe électrode. La valeur du courant moyen peut être donnée par la relation de Townsend [76]

$$I = \kappa \frac{\mu \varepsilon}{d} U(U - U_0) \qquad \text{V-22}$$

κ est une constante dépendant de la géométrie de la pointe, μ est la mobilité des porteurs de charges et ε est la permittivité.

Sur la figure 19, sont tracées les courbes de $I/V = I/U = f(U_s)$ pour 10% de SF_6 dans le mélange (à titre d'exemple). Comme prévu la tension seuil (U_0) correspondant à l'amorçage du courant augmente avec l'augmentation de la pression et le taux de SF_6

dans le mélange. Par contre la mobilité μ des porteurs de charges déduite de la pente des lignes droites de $\sqrt{I}=f(U)$ diminue approximativement suivant 1/P.

V-3-1. Spectres d'émission dans le SF$_6$ pur

Pour la tension positive appliquée à la pointe électrode, un spectre typique de la lumière émise par la décharge couronne est montré sur la figure 49, couvrant une zone de 200 à 510 nm avec un système de 150 traits/mm. Le spectre montre principalement le 2ème système positif d'azote 2S$^+$ (C$^3\Pi_u \rightarrow$B$^3\Pi_g$) correspondant aux transitions Δv=+2, +1, 0, -1, -2, -3, -4 et une bande d'émission située dans une région de 440 à 510 nm.

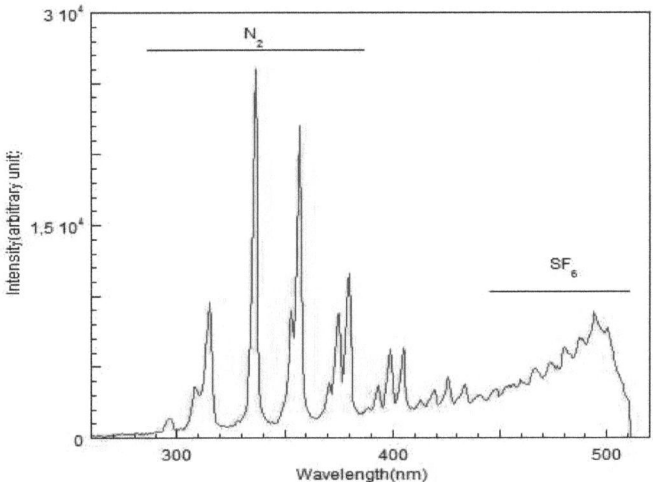

Figure 49. Spectre de la lumière émise d'une décharge anodique dans le SF$_6$ avec un système de 150 traits/mm (16.3kV, 4µA; 0.2 MPa et r$_p$=3µm).

Cette bande est nettement visible en utilisant le système de 600 à 1200 traits/mm comme on peut le voir sur les figures 50 et 51. Elle peut être attribuée à l'émission de la molécule de SF$_6$, conformément aux travaux précédents [77-78]. L'émission de l'azote N$_2$ est due à la présence d'une quantité de 80 ppmv comme impureté dans le SF$_6$ pur. Au delà de 510 nm, aucune émission n'est clairement identifiable. Contrairement aux travaux de Casanovas et al. [77], les lignes atomiques n'apparaissent nulle part dans nos spectres. Ceci peut être expliqué par la différence entre nos conditions d'expérimentation (pressions 1.6 -14 MPa, courant continu et courant de la décharge couronne I < 10 µA) et celles de [75] (0.3 - 4 bars, tension alternative et I ~20-50 µA).

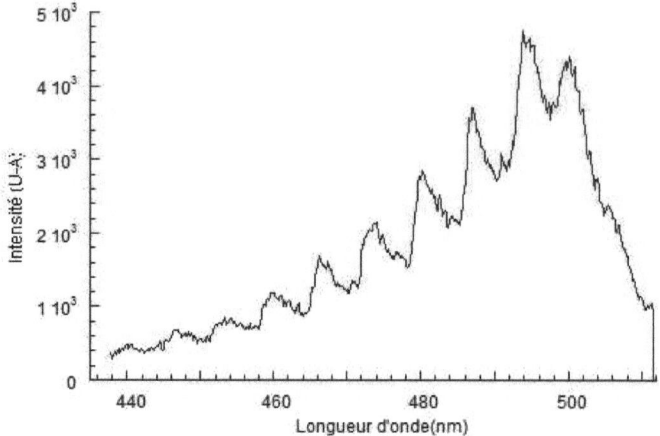

Figure 50. Spectre de la lumière émise d'une décharge anodique dans le SF_6 avec un système de 600 traits/mm (10 kV; 1.1µA; 1.6 bars et r_p=3µm).

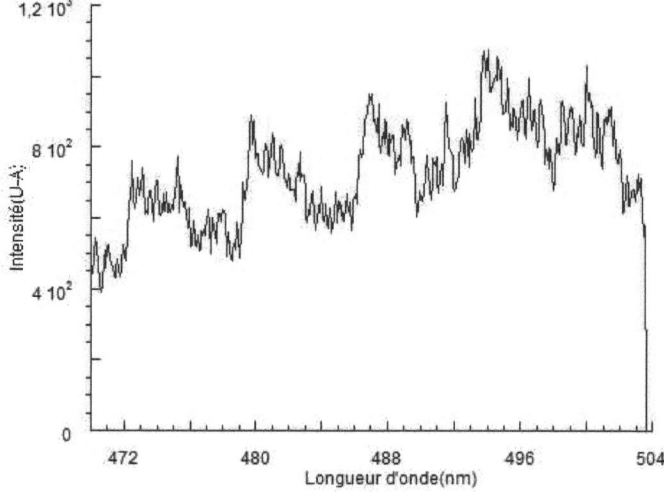

Figure 51. Spectre de la lumière émise d'une décharge anodique dans le SF_6 avec un système de 1200 traits/mm (12.1 kV, 2.3 µA, 1.6 bars, r_p=3µm).

Sur la figure 52 on peut voir une succession de spectres d'une décharge couronne positive en fonction de la position de la pointe vis à vis l'ouverture du détecteur du spectrographe. La zone ou la décharge émit fortement est loin de la pointe et cette zone est appelée zone d'ionisation.

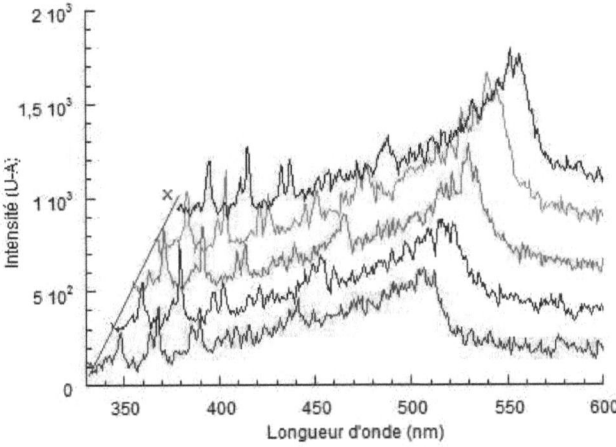

Figure 52. Spectres d'une décharge couronne positive en fonction de la position de la pointe vis à vis l'ouverture du détecteur du spectrographe (16 kV; 2 µA, 3 bars et $r_p=3\mu m$).

Sur la figure 53, on peut voir le spectre de la lumière d'une décharge couronne en polarité négative pour les même conditions que celle de la décharge positive dans le SF_6. L'émission due au N_2 présent dans le SF_6 comme impureté est très forte et rend l'émission du SF_6 presque insignifiante, néanmoins on arrive à voir sur le spectre une faible émission de SF_6 qui est ~80 fois inférieure à celle de la polarité positive. Ceci est en accord avec les résultats précédents [77] pour une décharge négative, par contre V. Zingin et al [78] n'ont pu détecter aucune lumière émise par le SF_6 en polarité négative.

Propriétés du mélange hexafluorure de soufre- Azote (SF₆-N₂)

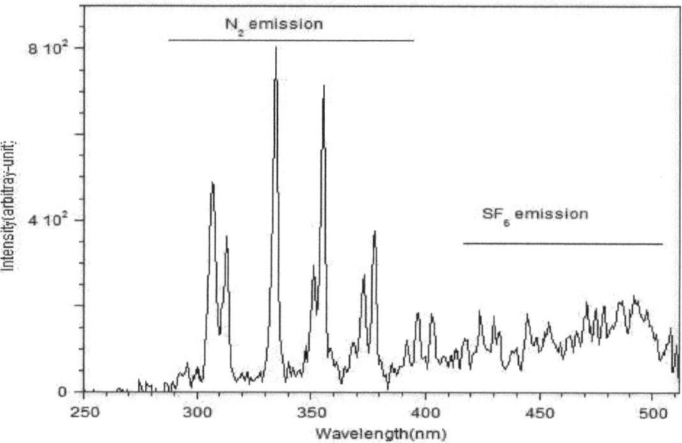

Figure 53. Spectre de la lumière émise d'une décharge cathodique dans le SF₆ avec un système de 150 traits/mm (10.8KV; 4µA; 1.6 bars et r_p=3µm).

V-3-2. Spectres dans les mélanges SF$_6$-N$_2$

Les mélanges de 5, 10, 15, 25, 50 % du SF$_6$ dans l'azote ont été étudiés. Les spectres de la lumière émise de ces mélanges par des décharges couronnes positives et négatives montrent principalement l'émission du second système positive 2S$^+$ d'azote correspondant aux transitions

Δv = +2, +1, 0, -1, -2, -3, -4, la bande d'émission du SF$_6$ est toujours indétectable. Comme indiqué précédemment, au delà de 510 nm, aucune émission n'est clairement identifiable. Dans la zone étalée entre 200-850 nm aucune ligne atomique (N, S ou F) n'est détectable.

V-3-3. Influence de la pression sur la lumière émise

Il a été constaté que l'intensité de la lumière émise par la décharge couronne diminue avec l'augmentation de la pression du gaz. A pression élevée et à cause de la haute fréquence de collisions, la durée de vie et la densité des espèces excités sont fortement affectées par des processus de désactivation secondaires non radiatifs (électronique, vibrationnelle, quenching). Si on considère ces trois simples réactions où un atome excité A* résultant d'une collision avec un électron, est détruit par émission radiative et aussi par quenching:

$$e + A \rightarrow A^* + e \quad (k_1)$$

$$A^* \rightarrow A + h\nu \quad (k_\nu)$$

$$A^* + A \rightarrow 2A \quad (k_2)$$

L'intensité de la lumière émise par A* est donnée par la relation suivante:

$$I_{em} = \frac{k_1 N_e N}{1 + \frac{k_2}{k_\nu} N} \quad \text{V-23}$$

Ou N_e et N sont les densités de l'électron et de la molécule respectivement.

De l'équation (V-23), il est clair que l'augmentation de la densité du gaz N mène effectivement à la diminution de l'intensité de la lumière émise.

V-3-4. Dimension de la zone d'émission de la décharge couronne

Le rayon de la zone de la décharge couronne est déterminé en mesurant l'intensité d'émission de la lumière en considérant l'ordre zéro comme on peut le voir sur la figure 46. Ce rayon de la zone d'émission est déduit à partir de la mi-hauteur de l'intensité des spectres de la lumière. De ces courbes (figure 54), on peut remarquer que la décharge émet dans l'intervalle 100-300 µm proche de la pointe. La position exacte ou l'émission est très forte ne peut être estimée qu'approximativement. Pour une pression de 0.2 MPa, le rayon de la zone est de 300 µm, qui est trois fois (~1 mm) plus bas que celui déterminé par Champain et al. [75] pour la même pression. Cet écart peut être expliqué par la différence des conditions d'expérimentations.

Propriétés du mélange hexafluorure de soufre- Azote (SF$_6$-N$_2$)

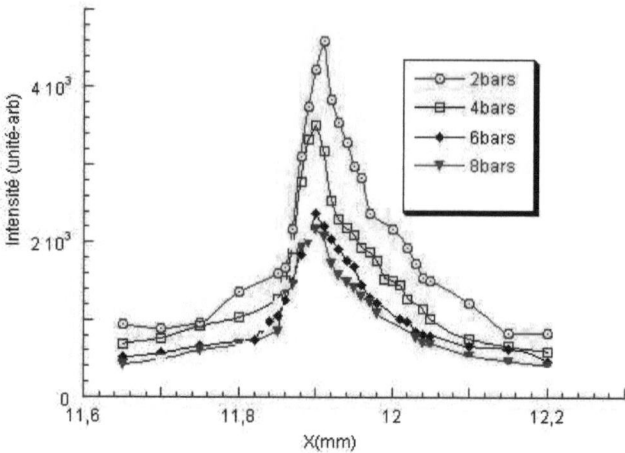

Figure 54. Zone d'émission de la lumière lors d'une décharge couronne négative pour le SF$_6$ pur avec la variation de la distance de la zone localisée prés de l'électrode pointe ($r_p = 3\mu m$ et $I = 2\mu A$).

La longueur ou la rayon de la zone d'émission x_{em} de la décharge est tracée sur la figure 55, pour le SF$_6$ et le mélange SF$_6$-N$_2$ avec 15% de SF$_6$. Cette longueur (x_{em}) de la décharge couronne négative diminue légèrement avec l'augmentation de la pression, par contre, pour le SF$_6$, pur, x_{em} est pratiquement indépendante de la pression et sa valeur est nettement inférieure à celle du mélange.

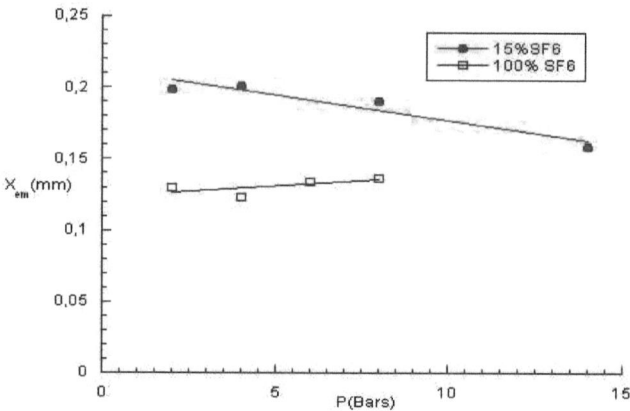

Figure 55. Evolution la longueur de la zone de la décharge (x_{em}) en fonction de la pression du gaz pour le SF$_6$ et pour le mélange SF$_6$-N$_2$ à 15% de SF$_6$.

V-4. Détermination de la température du gaz soumis à une décharge couronne

V-4-1. Dans le SF_6

Dans le SF_6, pur l'émission de l'azote N_2 est prédominante, mais le rapport signal/bruit n'est pas assez suffisant pour être exploité avec précision pour déterminer la température de la décharge couronne. En vue de faire une comparaison entre les températures des mélanges et celles du SF_6 nous utilisant les résultats obtenus par Champain et al [75] pour le SF_6.

V-4-2. Dans les mélanges SF_6-N_2

L'émission de N_2 est accentuée et le second système positif $2S^+$ est le plus dominant en particulier pour la polarité négative. Les spectres d'azote N_2 sont donc utilisés pour évaluer la température de la décharge couronne. La température rotationnelle (T_r) et vibrationnelle (T_v) d'azote sont déterminées en minimisant la surface délimitant le spectre théorique (simulé) et le spectre expérimental des transitions (2-4), (1-3) et (0-2) du second système positif $2S^+$. La température rotationnelle de N_2 est prise comme la température du gaz [71].

Un exemple de comparaison entre le spectre simulé et le spectre expérimental est présenté sur la figure 56, pour une décharge couronne à 10% de SF_6 dans l'azote (I=4 µA, P=0.8 MPa). Il y a une concordance presque parfaite entre les deux spectres et on peut lire directement les températures T_r=381 K et T_v=2350 K.

Propriétés du mélange hexafluorure de soufre- Azote (SF₆-N₂)

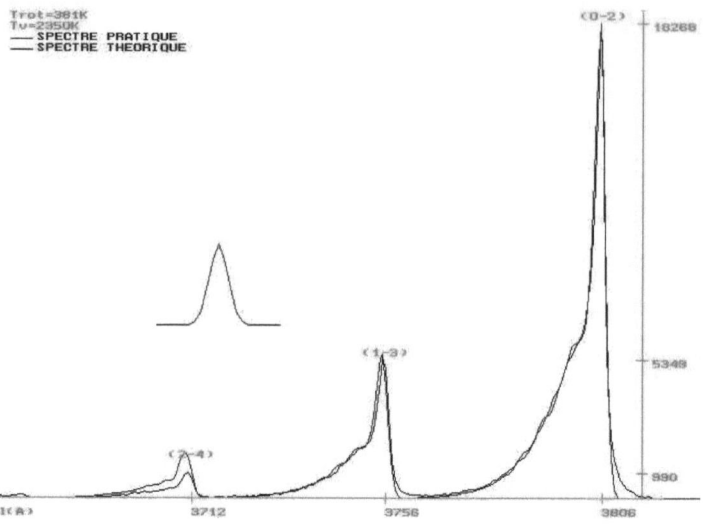

Figure 56. Spectre théorique et spectre expérimental des transitions (2-4), (1-3) et (0-2) du second système positif $2S^+$ pour un mélange $SF_6/-N_2$ à 10% SF_6 (P = 0.8 MPa, r_p = 10μm et I = 4μA).

V-4-3. Variation de la température rotationnelle (T_r) en fonction du courant de la décharge couronne

Pour un mélange à 10% de SF_6 en polarité négative, la température T_r augmente avec le courant moyen de la décharge (I_m) (figure 57). Les valeurs de T_r et leur évolution sont comparables avec celles obtenues précédemment pour l'azote [71] et pour le SF_6 [75]. L'influence dunrayon de pointe est montrée sur la figure 57, les températures diminuent avec la diminution du rayon de courbure.

Propriétés du mélange hexafluorure de soufre- Azote (SF$_6$-N$_2$)

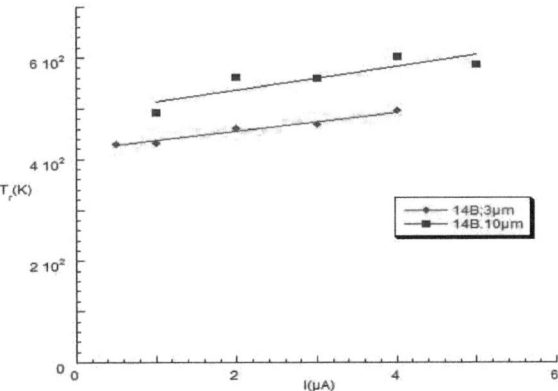

Figure 57. Températures rotationnelles en fonction de la pression dans un mélange à 10% de SF$_6$, P=14 bars r$_p$ = 10µm et 3µm pour la polarité négative. Les lignes sont tracées pour montrer la différence entre les deux courbes.

V-4-4. Effet de polarité sur la température de la décharge

Pour un mélange à 10% de SF$_6$ et, pour une pression de 10 bars et à un courant donné de la décharge couronne, les températures rotationnelles de la pointe anodique sont relativement élevées ($\Delta T_{max} \sim 100$ K) par rapport à celles de la pointe cathodique pour les pressions utilisées dans notre expérimentation comme on peut le voir sur la figure 58.

Pour les mélanges SF$_6$-N$_2$, la tension seuil U$_0$ de la décharge couronne positive est tout le temps supérieure à celle de la polarité négative. Pour un courant de la décharge donné, la température dans la zone de décharge positive est effectivement supérieure par rapport à la température de la décharge négative.

Propriétés du mélange hexafluorure de soufre- Azote (SF₆-N₂)

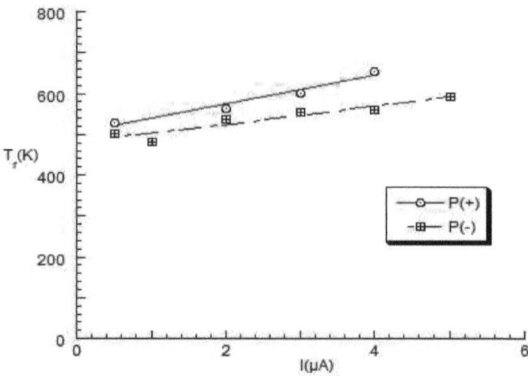

Figure 58. Variation des températures rotationnelles en fonction du courant de la décharge pour les mélanges avec 10% de SF₆, pour la polarité positive et négative (r_p = 10µm; P = 10bars).

Les variations de T_r en fonction du courant pour les mélanges à 10% et à 25% de SF_6 à la pression de 10 bars en polarité négative, sont montrées sur la figure 59. On constate que pour les deux mélanges la température T_r augmente linéairement avec l'augmentation du courant de la décharge couronne. La différence entre les valeurs des deux mélanges (10% de SF_6 et 25% de SF_6) n'est pas conséquente, ceci est en accord avec les valeurs rapprochées des tensions seuils des décharges couronnes pour les faibles concentrations du taux du SF_6 dans les mélanges SF_6-N_2.

La variation des températures rotationnelles est faible par rapport à l'augmentation de la pression de la décharge. Comme prévu, le gaz est faiblement chauffé pour le régime de la décharge couronne dans le volume qui s'étend de 100 à 300 µm de la pointe électrode.

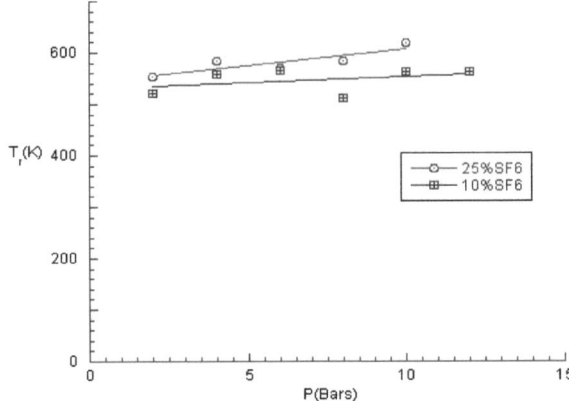

Figure 59. Température Rotationnelle en fonction du courant de la décharge couronne pour les mélanges SF_6-N_2 avec 25% et 10% de SF_6 (r_p=10 μm, P =10bars).

V-4-5. Variation des températures vibrationnelles (T_v) pour une décharge couronne négative

Sur la figure 60, sont représentées les courbes des températures vibrationnelles (T_v) pour la décharge couronne négative et pour un mélange de 0% et 10% de SF_6 en fonction de l'intensité du courant. T_v est moins sensible à la variation du courant, à la pression et à la concentration du SF_6 dans le mélange.

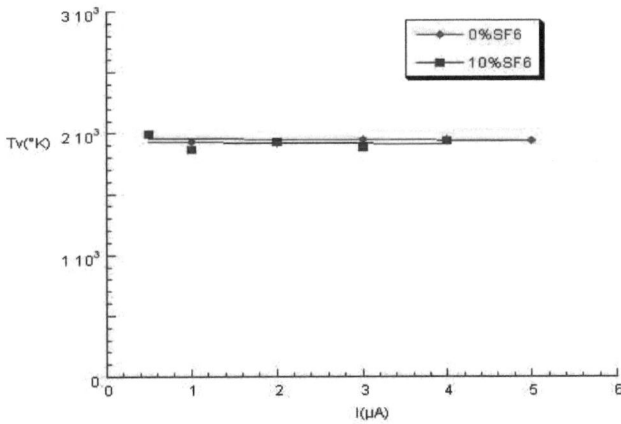

Figure 60. Température vibrationnelle (T_v) pour une décharge couronne négative dans un mélanges de 0% et 10% de SF_6 en fonction du courant pour une pression de 10 bars.

Comme on peut le remarquer sur la figure 61, les températures vibrationnelles sont beaucoup plus élevées comparées aux températures rotationnelles pour les mêmes conditions d'expérimentation.

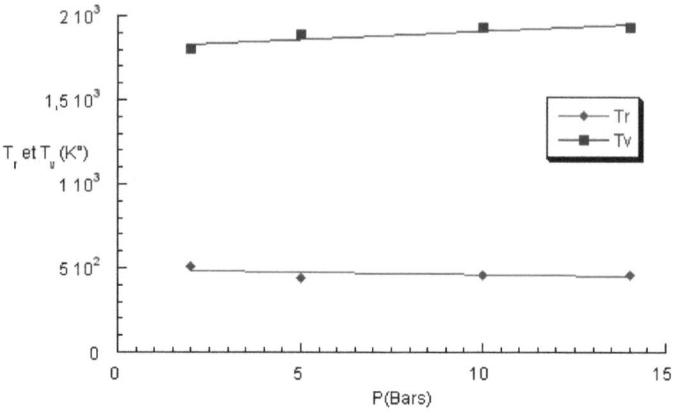

Figure 61. Comparaison entre la température vibrationnelle (T_v) et rotationnelle (T_r) pour une décharge couronne négative dans un mélanges à 10% de SF_6 en fonction de la pression pour un courant de 2µA.

V-5. Analyse de la lumière émise et des températures de la décharge couronne.

L'émission du SF_6 est localisée dans une région s'étalant entre 440 et 510 nm pour la décharge couronnes positive et négative. L'émission de la décharge cathodique est très faible par rapport à celle de la décharge anodique. La décharge couronne est confinée dans une zone distante de la pointe électrode de 100-300 µm maximum. Les spectres du second système positif $2S^+$ de N_2 ont été utilisés pour évaluer la température de la décharge couronne dans les mélanges SF_6-N_2 à différentes concentrations de SF_6. La température rotationnelle T_r, ainsi mesurée, augmente avec le courant de la décharge cette tendance est vrai pour les deux polarités. Pour un courant donné, les valeurs de T_r de la décharge couronne anodique sont supérieures à celles de la décharge cathodique et aussi pour les mélanges ayant un taux de SF_6 élevé. Ces résultats sont en accord avec l'analyse basée sur l'évaluation de la puissance injectée dans la décharge. Les valeurs de T_r (350-500 K) montrent que le gaz est faiblement chauffé.

Dans nos conditions pour le SF_6 pure et pour les mélanges SF_6-N_2, une décharge couronne soutenue a été observée pour une valeur de tension seuil supérieure à U_0 et la zone d'émission qui correspond approximativement à la zone d'ionisation est très proche de l'électrode pointe. La position de cette zone de décharge ou d'émission ne peut être déterminée avec précision. L'utilisation des spectres d'émission de l'azote avec un système d'ordre zéro, permet de donner une indication approximative de la longueur de cette zone, qui varie de 100-300µm proche de l'électrode pointe.

La caractéristique courant- tension de la décharge couronne suit la relation du courant ionique unipolaire donnée par [76]. Les ions unipolaires dérivent avec une mobilité constante à partir de la zone d'ionisation jusqu'à l'électrode plane et cette zone de dérive est nettement plus grande que la région d'ionisation. Les caractéristiques courant-tension mesurées n'impliquent pas des électrons libres ou des phénomènes de conduction bipolaires (streamers) [13].

La température rotationnelle d'une décharge dans l'azote peut être prise comme la température des espèces neutres [72, 79, 86]. A haute pression, les collisions entre les molécules neutres et excites sont plus effectives et la température rotationnelle T_r s'équilibre avec la température cinétique T_{kin} des espèces lourds plus facilement. L'augmentation de T_r avec I ou P dépend de la puissance injectée dans le gaz par la décharge couronne, $P_W = IU$. De la relation (V-22) avec la condition $U \gg U_0$ et en prenant en compte que la mobilité µ des porteurs de charges est inversement proportionnelle à la pression du gaz, la variation de la puissance injectée P_W peut être donnée par la relation suivante :

$$P_W \propto I^{3/2} P^{1/2} \qquad \text{V-24}$$

En utilisant la relation (V-24) on peut démontrer que la variation de la température est plus sensible au courant de décharge ($\propto I^{3/2}$) par rapport à la pression du gaz ($\propto P^{1/2}$) comme il a été constaté expérimentalement. D'un autre coté, le réchauffement du gaz au voisinage de l'électrode pointe peut être évalué par l'analyse simplifiée proposée par Halpern et Gomer [87]. Cette dernière consiste à résoudre l'équation de transfert de la chaleur en coordonnées sphériques. L'augmentation de la température ΔT peut s'écrire comme suit:

$$\Delta T = \frac{IV}{8\pi kr^2}(r - r_p) \qquad \text{V-25}$$

k est la conductivité thermique du gaz ($k_{SF6} = 1.46 \ 10^{-2}$ et $k_{N2} = 2.6 \ 10^{-2}$ W/mK [88] et r est la distance à partir du centre de la pointe. La température maximale ΔT_{max}, obtenue pour $r = 2r_p$, est exprimée pour nos conditions de la manière suivante:

$$\Delta T_{max} = 2.6 \times 10^{-3} \frac{IU_0}{kr_p} \qquad \text{V-26}$$

$U_0 = U_s$ est la tension seuil de la décharge couronne.

La conductivité thermique du mélange peut être déterminée par l'expression suivante:

$$k_{mix} = x_{SF6} k_{SF6} + x_{N2} k_{N2} \qquad \text{V-27}$$

Où x_i est la fraction molaire du gaz i. La tension seuil U_0 varie approximativement suivant $P^{1/2}$, et par conséquent, ΔT_{max} peut varier suivant $IP^{1/2}$. La valeur mesurée de $\Delta T_{max} \sim 80K$, par contre, la valeur calculée en utilisant la relation (V-26) est $\Delta T_{max} \sim 330K$. Cette différence est la conséquence des suppositions grossières utilisées dans l'analyse théorique. Par exemple, les pertes thermiques à travers la pointe électrode et le transfert de chaleur par la conversion du gaz ne sont pas considérées. Cependant, les variations de la température maximale avec I, P, U_0 et k_{mix} peuvent être qualitativement prédites par la relation (V-26).

Les températures rotationnelles de la pointe anodique sont relativement élevées ($\Delta T_{max} \sim 100$ K) par rapport à celles de la pointe cathodique pour les pressions utilisées dans notre expérimentation. La différence entre les températures des deux polarités dans les travaux de Champain et al [75] est proche à celle obtenue dans le présent travail. Champain et al. ont attribué les valeurs élevées de la variation de la température à la formation des porteurs de charges positives de faibles mobilités. Cela veut dire que la présence d'ions plus lourds provoque plus d'échauffement du gaz. Cependant dans notre cas les ions positifs et ions négatifs ont approximativement les mêmes mobilités [71, 90], l'explication précédente est donc inadéquate.

Pour les mélanges SF_6-N_2, la tension seuil U_0 de la décharge couronne positive est tout le temps supérieure à celle de la polarité négative. Pour un mélange et un courant de la décharge donné, la relation (V-26) montre que la température dans la zone de décharge positive est effectivement supérieure par rapport à la température de la décharge négative.

T_r tend à augmenter avec l'augmentation du pourcentage du SF_6 dans le mélange. Ceci peut être expliqué par les relations (V-26 et V-27). En effet, la tension seuil U_0 augmente et k_{mix} diminue pour les mélanges SF_6-N_2 à forte concentration de SF_6, ceci mène à des températures plus élevées dans la zone de la décharge couronne. Les valeurs des températures vibrationnelles sont relativement constantes pour la variation de la pression et du taux de SF_6 dans le mélange. Elles sont nettement supérieures aux températures rotationnelles de la décharge. L'écart important entre les deux températures T_r et T_v est habituellement observé dans les plasmas à faible température (décharge couronne, streamer, glow,.......) [92] qui produit un plasma hors équilibre (T_e>T_v>T_r, T_e est la température électronique). Comme attendu la différence (T_v-T_r) diminue avec l'augmentation du courant et par la suite la puissance injectée dans la zone de la décharge.

Conclusion générale

Le SF_6 est le gaz le plus adapté pour les systèmes à haute tension. Mais devant les problèmes issus de sa décomposition et son effet négatif sur l'atmosphère, le SF_6 devient indésirable. Une solution pour le long terme consiste à son élimination complète ce qui est actuellement pratiquement impossible. La solution la plus plausible pour le court terme, est de réduire la concentration du SF_6 dans l'atmosphère en utilisant le mélange SF_6-N_2.

L'analyse des pointes exposées aux décharges positives au microscope électronique à montré la formation d'une couche recouvrant le bout de la pointe et présente une surface très poreuse qui peut engendrer des micro décharges. La présence du fluor rend cette couche isolante. Cette dernière est moins importante en polarité négative. Le phénomène de pulvérisation de la pointe par des ions négatifs incidents en pointe positive, dans le cas du SF_6, pourrait être vraisemblablement du à de fortes énergies à mettre en jeu pour le détachement des ces ions négatifs.

L'augmentation du courant en pointe cathodique peut être expliqué par l'influence prédominance du champ d'accumulation des charges sur les couches de surfaces de la pointe, des micro-décharges et de l'augmentation des la mobilité des porteurs de charges dans la zone de dérive. Durant la décharge positive la formation des produits de dégradations SOF_4, SO_2F_2, SOF_2 et SO_2 par une consommation des impuretés, telles que O_2 et H_2O, entraîne une réduction de la densité des ions O_2^- et par conséquent, explique la diminution observée du courant moyen de la décharge couronne dans le SF_6

Les caractéristiques courant-tension ($I = f(U)$) montrent que le courant augmente suivant une loi exponentielle. Il a été remarqué que le courant mesuré en décharge positive est très instable. Pour les faibles pressions ces courbes sont linéaires, tandis qu'avec l'augmentation de la pression elles perdent leurs linéarités.

L'écart entre les tensions seuils des différents mélanges est relativement réduit pour les faibles pourcentages du SF_6 ce qui constitue un atout majeur en vue de l'utilisation éventuelle du mélanges SF_6-N_2 à faible taux de SF_6. L'effet de polarité est très significatif surtout pour les mélanges à taux élevé de SF_6. En effet les valeurs des tensions de la décharge couronne obtenues pour la polarité positive sont supérieures à celles de la polarité négative.

La variation des mobilités à pressions élevées pour le SF_6 pur est inversement proportionnelle à la densité du gaz (N^{-1}), Il est admis que l'ion SF_6^- est prédominant mais à pressions élevées la formation des ions plus lourds comme les clusters est très probable ce qui explique la différence observée entre la courbe théorique de Langevin et celle mesurée par Schmidt et le présent travail. Les ions positifs et ions négatifs ont approximativement les mêmes mobilités pour les pressions élevées. Dans les mélanges gazeux SF_6-N_2, les mobilités augmentent avec modération en fonction du pourcentage du SF_6 dans le gaz jusqu'à une certaine limite du taux de SF_6 au delà duquel on assiste à une très forte augmentent des mobilités. On pense que ce phénomène est directement lié au changement de la nature des porteurs de charges, les ions O_2^- qui sont nettement plus légers, prennent le dessus sur les ions SF_6^-.

La spectroscopie d'une décharge couronne dans le SF_6 montre une émission de la lumière dans une région localisée entre 420 nm et 510 nm pour une décharge anodique et cathodique. L'émission de la lumière du SF_6 est accompagnée par une très forte émission du second système positif $2S^+$ d'azote (N_2), qui se trouve dans le gaz sous forme d'impuretés avec des proportions très faibles. En polarité négative l'émission de la lumière d'azote N_2 est très forte et rend l'émission du SF_6 presque insignifiante, néanmoins on arrive à voir sur le spectre une faible émission du SF_6 difficilement détectable. L'intensité de la lumière émise diminue avec l'augmentation de la pression pour la même tension. Dans le cas des mélanges SF_6/N_2 les spectres de la lumière émise sont enregistrés pour différentes valeurs de pression du gaz, de la tension et de la distance proche de l'électrode pointe. Premièrement la distance qui sépare l'électrode pointe et la zone de la décharge lumineuse ne peut être déterminée qu'approximativement en utilisant l'ordre zéro du spectrographe. La zone de la décharge ou l'émission de la lumière est intense et localisée dans une région située dans un intervalle de 100 à 300 µm loin de l'électrode pointe. Ce résultat reste valable pour les différents mélanges utilisés dans le présent travail.

Les températures rotationnelles et vibrationnelles ont été mesurées pour une décharge anodique et cathodique. On peut constater que les températures rotationnelles de la décharge positive sont relativement supérieures dans l'intervalle de pression utilisé, ceci est attribué aux valeurs élevées des tensions seuils pour la décharge couronne positive par rapport à la décharge négative pour le même courant. On a donc plus de puissance injectée dans la décharge anodique et par conséquent plus d'échauffement de gaz. L'augmentation de la température rotationnelle Tr avec l'augmentation du courant de la décharge couronne est la conséquence directe de l'élévation du champ électrique du taux de SF_6 dans le mélange. Cet constatation est valable pour tous les mélanges étudiés et pour toutes les pressions considérées. Cette tendance est en total concordance avec les résultats antérieurs pour l'azote N_2 pure et pour le SF_6 à très faible concentration de N_2.

Référence

[1]- H. Moisson et P. Lebeau, Comp. Rev. 130, pp. 865, 1900.
[2]- H. G. Pollak et F. S. Cooper, physical revue 56, pp. 170-175, 1939.
[3]- KALI-CHIMIE, notice d'information sur les différents gaz.
[4]- F.Y. Chu. "SF_6 Decomposition in Gas-Insulated Equipment", IEEE. Trans. On Elect. Insul. Vol. EI. 21, N°.5, 1986.
[5]- G. D. Griffin et al "Concerning biological effect of sparked decomposed SF_6", I.E.E. Proceeding, Vol. 137. N°4, pp. 221-227, 1990.
[6]- I. Sauers et al. "Production of S_2F_{10} in sparked SF_6" J. Phys D: Appl. Phys. Vol. 21, pp.1230-1238, 1988.
[7]- D. R. James et al. "Investigation of S_2F_{10} production and mitigation in compressed SF_6-insulated power systems", IEEE Electrical insulation magazine. Vol. 9. N°3, pp 29- 40, 1993.
[8]- Encyclopédie des Gaz de l'air liquide. Ed. Elsevier, L'air Liquide Division ALPHAGAZ.
[9]- P. Segur "gaz isolants", Technique de l'ingénieur, Traité de Génie Electrique, Vol. D. 2530-2531, 1990.
[10]- E. Cook "lifetime Commitments; Why Climate policy makers can't afford to overlook fully fluorinated compounds", Word resources institute, Washington, DC, February,1995.
[11]- C. P. Rinsland, et al "ATMOS/ATLAS 1 Measurements of Sulphur Hexafluoride (SF_6) in the Lower Stratosphere and Upper Troposphere", J. Geophysics. Res, Vol. 98, pp. 20491-20494, 1993.
[12]- L. Niemeyer and F.Y.Chu "SF_6 and the Atmosphere", IEEE Trans. on Elec. Insul. Vol. 27, N°1, pp 184-187.1992.
[13]- L. G. Christophorou and R. J. Van Brunt, "SF_6/N_2 Mixtures", IEEE .Trans. on Dielectrics and Elect. Insul. Vol. 2, N°5, pp. 952-1003, 1995.
[14]- L. G. Christophorou et-al "Sulphur Hexafluoride and the Electric Power Industry", IEEE, Electrical Insulation Magazine, Vol. 13, N°. 5, pp 20-24, Sept/Oct 1997.
[15]- J. C. Devins "Replacement gases for SF_6", IEEE. Trans. on Elec. Insul. Vol. E. I15, N°2, pp 81-85, April 1980.
[16]- M. Ermel "Le mélange gazeux N_2-SF_6 comme isolant dans la technique de la haute tension" ETZ-A 96 N°5, pp231-235, 1975.
[17]- A. M. Casanovas et-al, "Decomposition of SF_6 under AC and DC corona discharge in high pressure SF_6 and SF_6/N_2 (10-90%) mixtures", 8th Int. Conf. on Diel. Insul. USA, pp25-28, 1998.

[18]- E. Geballe, M. Reeves,"A condition on uniform field breakdown in electron-attaching gases", Physical Review, vol. 92, N°4, pp.867-868, 1953.

[19]- A. Pederson, "Criteria for spark breakdown in SF_6", IEEE. Trans. On Power Apparatus and Systems, Vol. 89, N°8, pp 2043-2048, 1970.

[20]- A. Kuffel, et.al "High voltage engineering fundamentals" Oxford Pergamon 1986.

[21]- A. Pederson. "The effect of surface roughness on breakdown in SF_6", IEEE Trans. PAS-94, pp 1749-1753, 1970.

[22]- H. Raether "Electron avalanches and breakdown in gases", London: Betterworths, 1964.

[23]- L. B. Loeb and J.M. Meek "The Mechanism of the Electric Spark", Stanford University Press Stanford, 1941.

[24]- G. Carlson et. al "Fault sensors for SF_6 equipment", Proc. 42nd American Power Conf, Vol. 42, N°. 111, Chicago, pp. 615-619, 1980.

[25]- R. Bartnikas et.al "Engineering dielectrics" Vol. 1, ASTM Press, USA, pp. 327-408, 1981.

[26]- H. Graybill, et. al "Testing of gas insulated substations and transmission lines" IEEE, Trans. PAS, Vol. 93, pp. 404-413, 1974.

[27]- O. Farish et al, IEE Proceedings on Gas Discharges and their Applications, pp. 320- 323, 1978.

[28]- S. Sangkassad, "Corona inception and breakdown voltages in nonuniform fields in SF_6", Proceedings 2nd International Symposium on High Voltage Engineering, pp. 379-384, 1975.

[29]- O. Farish, Proceedings 16th International Conference on Ionised Gases, Invited Revue Paper, pp.187-195, 1983.

[30]- O. Farish, O. E. Ibrahim and A. Kurimoto, 3th International Symposium on High Voltage Engineering, pp.31.15, Milan 1979.

[31]- Nitta and Shibuya, "Electrical Breakdown of Long Gaps in Sulphur-Hexafluoride",IEEE. Trans. On PAS, Vol. PAS-90, N°3, pp. 1065-1071, 1971.

[32]- Kulkarni and Nema, "Calculation of Breakdown Voltages of Gaseous Insulation with Special Reference to Electronegative and their Mixtures", proceedings of the 4th Int. Symp. High. Volt. Eng. pp. 33-08, 1983.

[33]- A. Cookson, et-al "Recent Research in the United States on the effect of particles contamination reducing the breakdown voltage in compressed gas insulated systems", CIGRE, pp. 1508, 1976.

[34]- A. Rein, "Brealdown mechanisms and breakdown criteria in gases, Measurements of discharge parameters, a literature survey", Electra, N°32,

pp. 43-60, 1974.

[35]- E. Husain and R. S. Nema, "Analysis of Paschen curves for air, N_2, and SF_6, using the Townsend breakdown equation", IEEE. Trans. Elect. Insul. Vol. EI-17, N°4, 1982.

[36]- Malik and Qureshi, "Calculation of Discharge Inception Voltages in SF_6/N_2 Mixtures", IEEE. Trans. on EI. Vol. EI-14, N°2, pp. 70-76, 1979.

[37]- M. Giesselmann W. Pfeiffer, "Influence of solid dielectrics upon breakdown voltage and predischarge development in compressed gases", Gaseous dielectrics IV, Pergamon Press, NY, pp.431-436, 1984.

[38]- W. Pfeiffer, H. Welke, "Simulation of discharge development in SF_6 and SF_6-mixtures and important data of streamer development" 10th It. Conf. of Gas discharges and their Applications, Swansea, pp. 868-871, 1992.

[39]- A. Hamani, "analyse des processus à l'origine de la propagation des ondes d'ionisation dans un fil-cylindre dans N_2", FIRELEC 2ème JCGE, pp.II.7-II.11, Grenoble, 1994.

[40]- N.H. Malik and A. H. Quershi, "A review of electrical breakdown in mixtures of sulphur hexafluoride and other gases". IEEE Trans. on Elect. Insul. Vol EI-14, N°.1, pp. 1-13. 1979.

[41]- Kline and al., "Dielectric Properties for SF_6 and SF_6 mixtures predicted from basic data", J. Appl. Phys. 50(11), pp. 6789-6796, 1979.

[42]- A. H. Cookson and B. O. Pederson, "Analysis of the HV Breakdown Results for mixtures of SF_6 with CO_2, N_2 and Air", 3rd Int. Symp. HV. Engineering, Milan, pp. 31-10, 1979.

[43]- C. M. Cooke and R. Velazquez, "The insulation of ultra HV in coaxial Systems Using Compressed SF_6 gas", IEEE Trans. Power App. Syst, Vol.96, pp. 1491-1497, 1977.

[44]- V. K. Makdawala, D. R. James and L. G. Christophorou, "Effect of ionisation processes on the corona stabilisation breakdown in SF_6 and SF_6-mixtures", 4th Int. Symp. On High Voltage Engineering. Athens, Greece, pp.1-4, 1983.

[45]- N. H. Malik, A. H. Qureshi and Y. A. Safar, "DC Voltage Breakdown of SF_6-CO_2 Mixtures In rod-Plane Gaps" IEEE. Trans. on Elect. Insul. Vol. EI-18 N°.6, pp. 629-635, 1983.

[46]- A. Lemzadm, et al. "Mobilities and corona discharges onset voltages in SF_6-N_2 mixtures at high pressures", XXIV. Inter. Conf. On Phenomena in Ionized Gases, Warsaw, Poland, July 11-16, 1999.

[47] A. Lemzadmi, et al. "Décharges couronnes dans le mélange SF_6/N_2 en présence d'un champ hétérogène" Algerian Journal of Technology. 4eme Conférence CNHT. Ghardaia, Algeria, pp. 1-4, 2002.

[48]- M. Lalmas, thèse de doctorat en électrotechnique, Paris VI, France, 1996.

[49]- K. Hadidi, thèse de doctorat d'état en électrotechnique, Paris VI, France, 1992.

[50]- R. Hergli. Thèse de doctorat, Université Paul Sebastien, Toulouse, France, 1987.

[51]- E. W. McDaniel & E. A. Mason "The mobility and diffusion of ions in gases", by John Wiley & sons, Inc N.Y. N°2, 1979

[52]- H. R. Hassé "Langevin's theory of ionic mobility" Phil. Mag. Vol 1, pp. 139-160, 1926.

[53]- E.W. MacDaniel and M. R. C. Dowel, Phys. Rev. 114, pp. 1028, 1959.

[54]- P. L. Patterson, "Mobilities of negative ions in SF_6", J. Chem. Phys. 53, pp. 696, 1970.

[55]- I. A. Fleming and Rees, J. Phys. B 2, 777, 1969.

[56]- M. S. Naidu and A. N. Prasad, J. Phys. D 3, 951, 1970.

[57]- J. de Urquijo-Carmona, Ph.D. Thesis, Victoria University of Manchester, UMIST. 1980.

[58]- B. H. Crichton and Dong-in Lee, Proceeding of the Fifth International Conference on Gas Discharges, Liverpool, (IEE, London), pp. 254-255. 1978.

[59]- T. Aschwanden, Faculty of Electrical Engineering, ETH. Zurich (Private communication, 1982).

[60]- T. H. Teich and B. Sangi, Proc of the First Intern. Symp. on High Voltage Engineering. pp. 391-394, (Munchen, West Germany, 1972).

[61]- H. Jungblut, Ph.D. Thesis Freie Universitat, Berlin, 1981.

[62]- K. P. Brand and H. Jungblut "The interaction potentials of SF_6 ions in SF_6 parent gas determined from mobility data", J. Chem. Phys. 78(4), pp 1999-2007, 1983.

[63]- K. B. McAffe Jr, J. Chem. Phys. 23, 1435, 1955.

[64]- K. B. McAffe. Jr and D. Edelson, Proc. Phys. Soc. (GB) 81, 2382, 1963.

[65]- M. Inoue, K. Hirayama and C. Amano, Mass Spectrum. 23, 101, 1975.

[66]- R. Coelho & J. Debeau "Properties of tip-plane configuration", J. Phys. D: Appl. Phys. Vol. 4, 1971.

[67]- R. S. Sigmond "Simple approximate treatment of unipolar space-charge-dominated coronas. The Warburg law and saturation current", J. Appl. Phys. 53(2), 1982.

[68]- E. Warburg Handbook, Derphysik Springer Berlin, Vol. 14, pp. 154-155, 1927.

[69]- M. Nur, PhD. Thesis, prepared in LEMD/CNRS Grenoble, Université Joseph Fourier, Grenoble, France; 1997.

[70]- W. F. Schmidt and H. Jungbut, "Ion mobility and recombination in compressed SF_6", J. Phys. D: 12, pp. 167-170, 1979.

[71]- M. J. Hollas, "Modern Spectroscopy", John Wiley, Vol. 24 (1), 1996.
[72]- G. Herzberg "Spectra of diatomic molecules", London: D. Van Nostarnd, 1950.
[73]- A. Chelouah, E. Marode, G. Hartmann and S Achat, J. Phys. D: Appl; Phys, 27, pp. 940-945, 1994.
[74]- K. T. Hartinger, L. Pierre and C. Cahen, J. Phys. D: Appl. Phys, 31 (1998).
[75]- H. Champain, G. Hartmann, M. Lalmas and A. Goldman, The 11th international conference on gas discharge and their applications, Chuo university, (Tokyo, 1995).
[76]- Yu. P. Raizer, "Gas discharge Physics", Springer, 1991.
[77]- A. M. Casanovas, J. Casanovas, V. Dubroca, F. Lagarde and A. Larbi, J. Appl. Phys. 70(3), pp. 1220-1226, 1991
[78]- V. Zingin, S. Suker, A. Gokmen, A. Rumeli and S. Dincer, Gaseous Dielectrics VI, edited by L. G. Christophorou and I. Sauers, Plenium Press (New York), pp. 595-59
[79]- D. T. Birtwistle and A. Herzenberg, J. Phys. B: Atom. Molec. Phys. 4, pp. 53-70, 1971.
[80]- W. Lochte-Holtgreven, "Evaluation of plasma parameters in Plasma diagnostics" edited by W. Lochte-Holtgreven, North-Holland, Amsterdam, chap. 3, 1968.
[81]- I. Gallimberti, J. K. Hepworth and R. C. Kleve, J. Phys. D: Appl. Phys. 7, pp. 880-898, 1974.
[84]- D. M. Phillips, J. Phys. D: Appl. Phys. 8, pp. 507-521, 1975.
[85]- A. Czernichowski J. Phys. D: Appl. Phys. 20, pp. 559-564, 1987.
[86]- A. Denat, N. Bonifaci and M. Nur, IEEE Trans. Diel. Elect. Insul. N°5, pp. 382-387, 1998.
[87]- B. Halpern and R. Gomer, J. Chem. Phys. 51(3), pp.1031-1047, 1969.
[88] - Air Liquide, as Encyclopædia Elsevier, 1976.
[89]- I. A. Fleming and Rees, J. Phys. B 2, 777, 1969.
[90]- J de Urquijo-Carmona, et-al "Time resolved study of charge transfer in SF_6", J. Phys. D: Appl. Phys.19, (1986).
[91]- W. F. Schmidt and H. Jungbut, "Ion mobility and recombination in compressed SF_6", J. Phys. D: 12, pp. 167-170, 1979.

i want morebooks!

Buy your books fast and straightforward online - at one of the world's fastest growing online book stores! Environmentally sound due to Print-on-Demand technologies.

Buy your books online at
www.get-morebooks.com

Achetez vos livres en ligne, vite et bien, sur l'une des librairies en ligne les plus performantes au monde!
En protégeant nos ressources et notre environnement grâce à l'impression à la demande.

La librairie en ligne pour acheter plus vite
www.morebooks.fr

OmniScriptum Marketing DEU GmbH
Heinrich-Böcking-Str. 6-8
D - 66121 Saarbrücken
Telefax: +49 681 93 81 567-9

info@omniscriptum.de
www.omniscriptum.de

Printed by Books on Demand GmbH, Norderstedt / Germany